工程制图习题集

主　审　张春雨
主　编　周金霞　吴明明
副主编　任翠锋
参　编　薛峰　李莹
　　　　张玮

中国科学技术大学出版社

内 容 简 介

本书以普通高等学校工程图学课程教学基本要求和普通高等学校计算机图形学基础课程教学基本要求为指导,全面贯彻最新的技术制图和机械制图相关国家标准,在总结并汲取近年来教学改革成功经验的基础上编写而成。

本书的主要内容包括制图基本知识、投影基础、立体的投影、组合体、轴测图、机件表达方法、标准件与常用件、零件图、装配图、计算机辅助绘图。

本书可作为高等院校工科各专业32~96学时工程制图课程的实训教材,也可作为相关工程技术人员的参考书。

图书在版编目(CIP)数据

工程制图习题集/周金霞,吴明明主编.--合肥:中国科学技术大学出版社,2024.8.--ISBN 978-7-312-06034-2

Ⅰ.TB23-44

中国国家版本馆CIP数据核字第2024KM8602号

工程制图习题集
GONGCHENG ZHITU XITI JI

出版	中国科学技术大学出版社 安徽省合肥市金寨路96号,230026 http://press.ustc.edu.cn http://zgkxjsdxcbs.tmall.com
印刷	安徽瑞隆印务有限公司
发行	中国科学技术大学出版社
开本	787 mm×1092 mm　1/16
印张	6.5
字数	81千
版次	2024年8月第1版
印次	2024年8月第1次印刷
定价	22.00元

前　　言

本书以教育部工程图学教学指导委员会2015年提出的普通高等学校工程图学课程教学基本要求和普通高等学校计算机图形学基础课程教学基本要求为指导，全面贯彻最新的技术制图和机械制图相关国家标准，总结并汲取了近年来教学改革的成功经验，适合高等工科院校相关专业工程制图课程教学使用。

本书由安徽三联学院周金霞、芜湖学院吴明明担任主编，第1章至第5章由周金霞编写，第6章由安徽三联学院张琼编写，第7、8章由吴明明编写，第9章由合肥美的电冰箱有限公司李俨编写，第10章由安徽三联学院任翠锋编写，周金霞负责全稿统筹。全书由安徽科技学院张春雨教授主审。

本书编写过程中参考了相关文献，在此谨向有关作者表示衷心的感谢。

限于编者水平，书中疏漏之处在所难免，恳请读者批评指正。

目　录

前言 ……………………………………………………………………………………（ⅰ）

第1章　制图基本知识 …………………………………………………………………（1）

第2章　投影基础 ………………………………………………………………………（7）

第3章　立体的投影 ……………………………………………………………………（21）

第4章　组合体 …………………………………………………………………………（35）

第5章　轴测图 …………………………………………………………………………（52）

第6章　机件表达方法 …………………………………………………………………（54）

第7章　标准件与常用件 ………………………………………………………………（71）

第8章　零件图 …………………………………………………………………………（77）

第9章　装配图 …………………………………………………………………………（85）

第10章　计算机绘图 …………………………………………………………………（94）

第1章　制图基本知识

1. 字体练习。

工 程 图 中 的 字 体 要 求 采 用 长 仿 宋 体 并 应 做 到

字 体 端 正 笔 画 清 楚 排 列 整 齐 间 隔 均 匀 字 高 有

| 班　级 | | 姓　名 | | 成　绩 | | 审　阅 | |

系列规定技术制图机械电子汽车航空船舶土木建筑矿山井坑港口纺织服装±ΟRWφ°

TUVWXYZ0123456789ab ⅠⅡⅢ ⅣⅤⅥ

| 班级 | | 姓名 | | 成绩 | | 审阅 | |

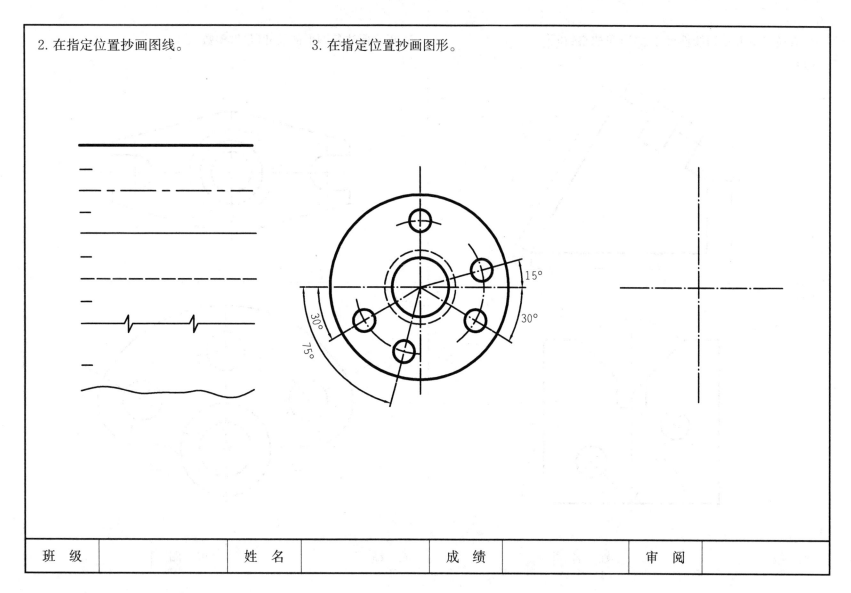

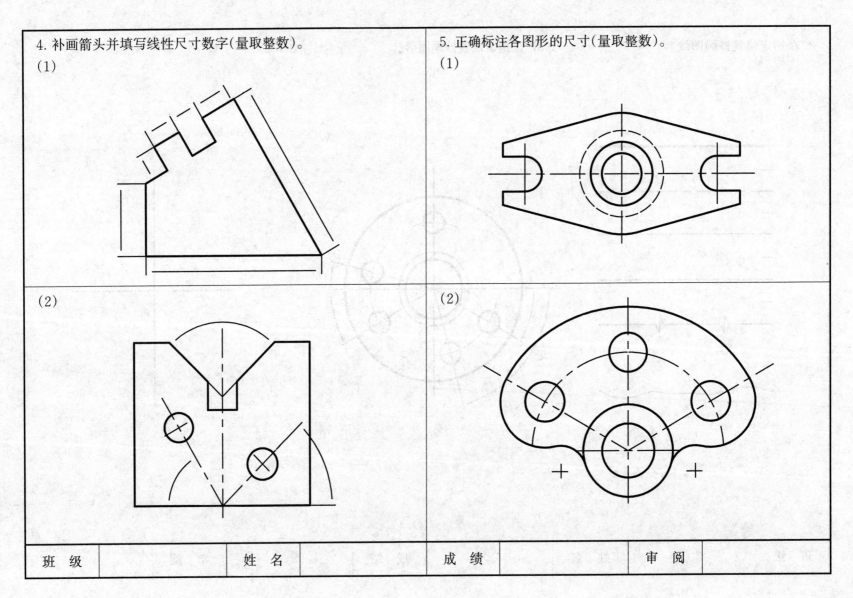

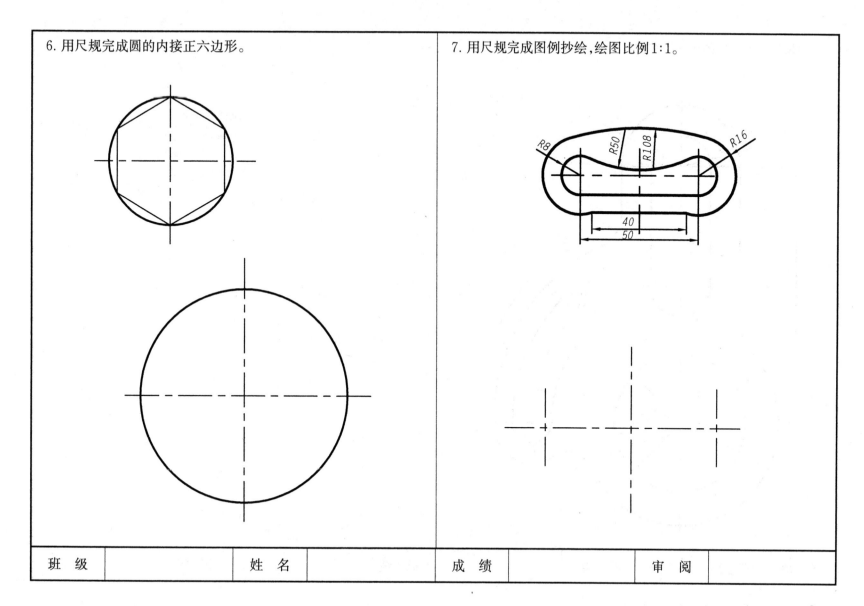

8. 用尺规将下面的图形抄绘在右边。

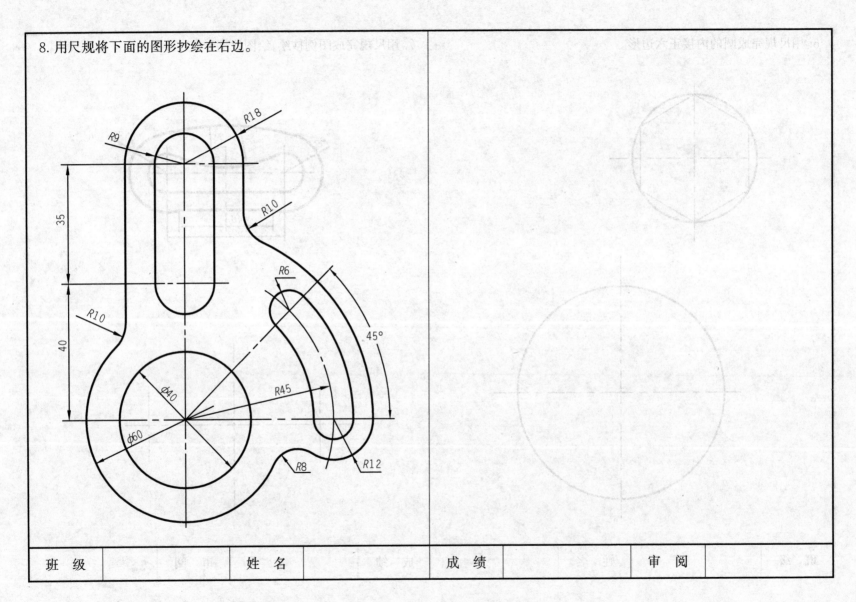

第2章 投影基础

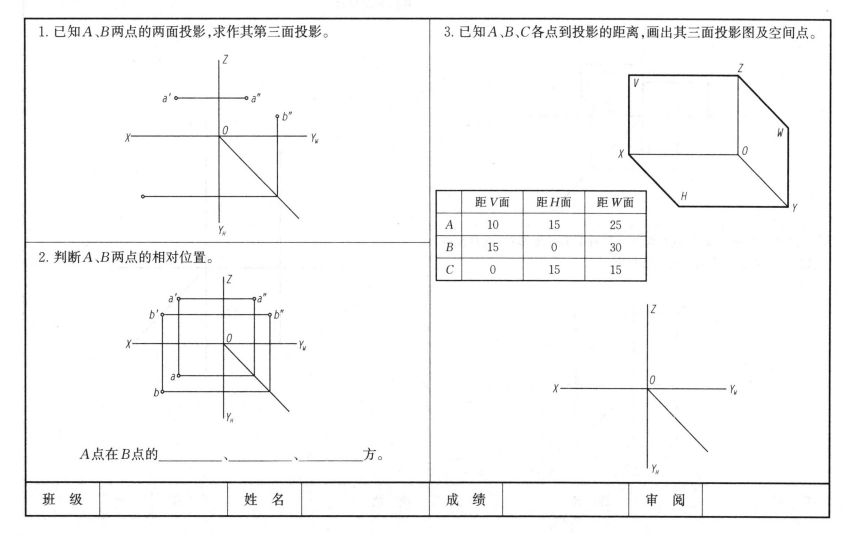

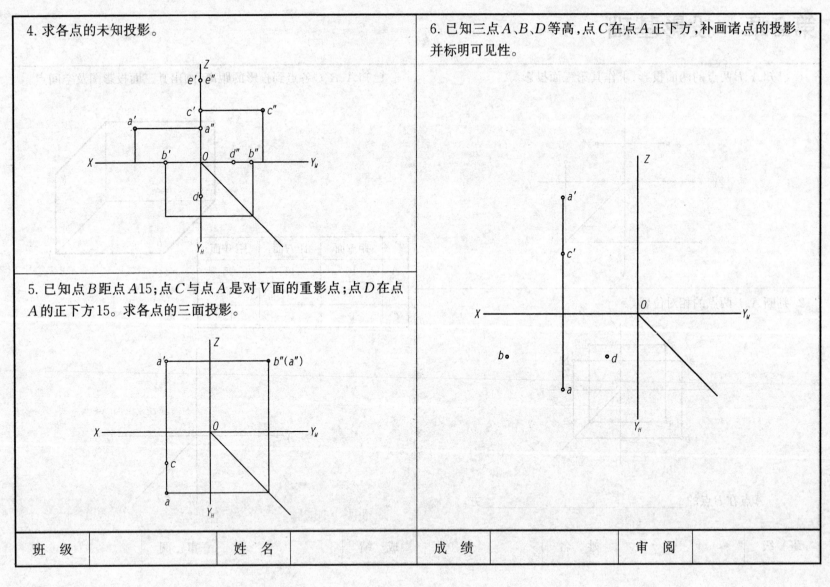

7. 求下列各直线的第三投影,并判别直线的空间位置。

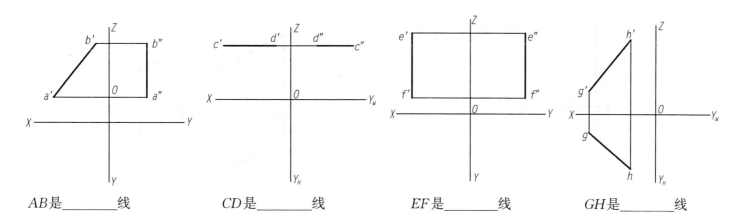

AB 是_____线　　　CD 是_____线　　　EF 是_____线　　　GH 是_____线

8. 已知直线 AB 的实长为 15,求作其三面投影。

(1) $AB//W$ 面,$\beta=30°$;
点 B 在点 A 之下、之前。

(2) $AB//V$ 面,$\gamma=60°$;
点 B 在点 A 之下、之右。

(3) $AB \perp H$ 面,点 B 在点 A 之下。

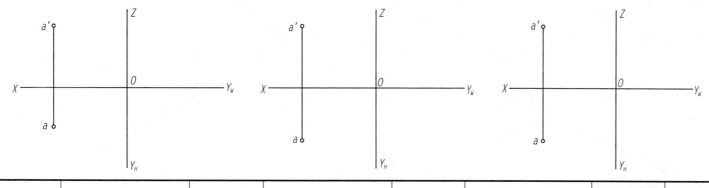

| 班　级 | | 姓　名 | | 成　绩 | | 审　阅 | |

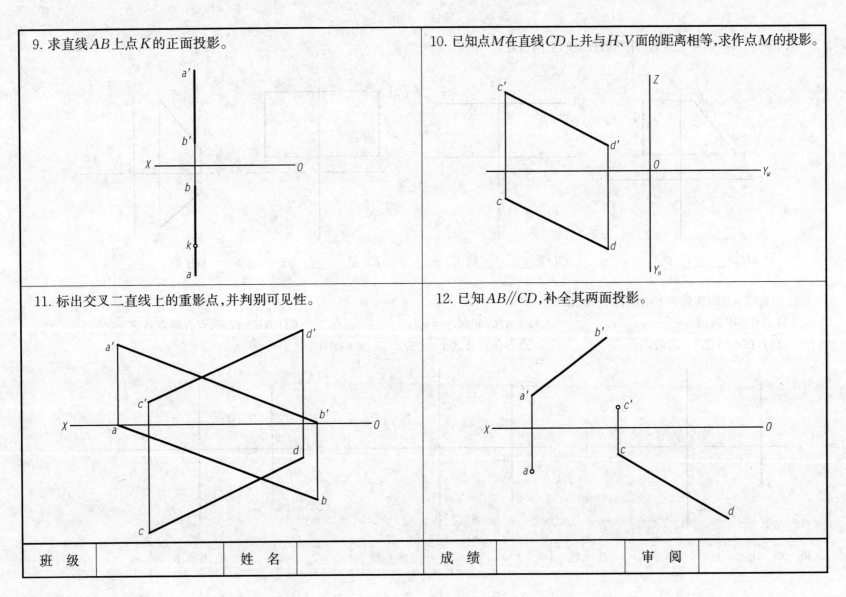

13. 判断下列两直线的相对位置(相交、平行、交叉)。

(1)

(2)

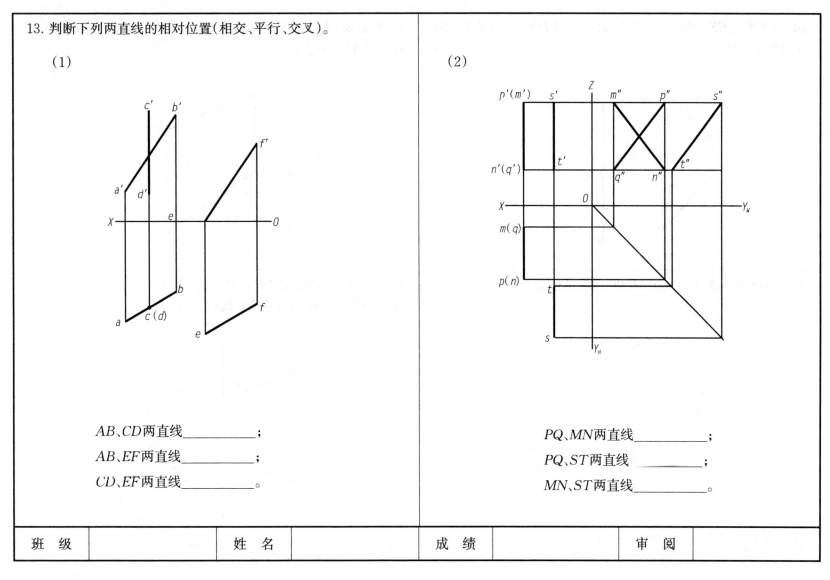

AB、CD两直线_____；

AB、EF两直线_____；

CD、EF两直线_____。

PQ、MN两直线_____；

PQ、ST两直线_____；

MN、ST两直线_____。

班　级		姓　名		成　绩		审　阅	

14. 作正平线EF距V面15，并与直线AB、CD相交（点E、F分别在直线AB、CD上）。

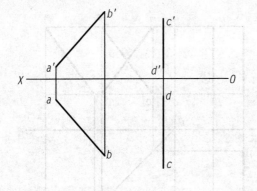

15. 作直线EF平行于OX轴，并与直线AB、CD相交（点E、F分别在直线AB、CD上）。

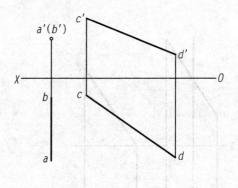

16. 过点C作一直线与直线AB和OX轴都相交。

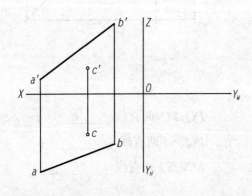

17. 作一直线MN，使其与已知直线CD、EF相交，同时与已知直线AB平行（点M、N分别在直线CD、EF上）。

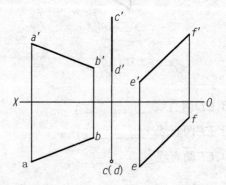

18. 指出下列平面是什么位置平面。

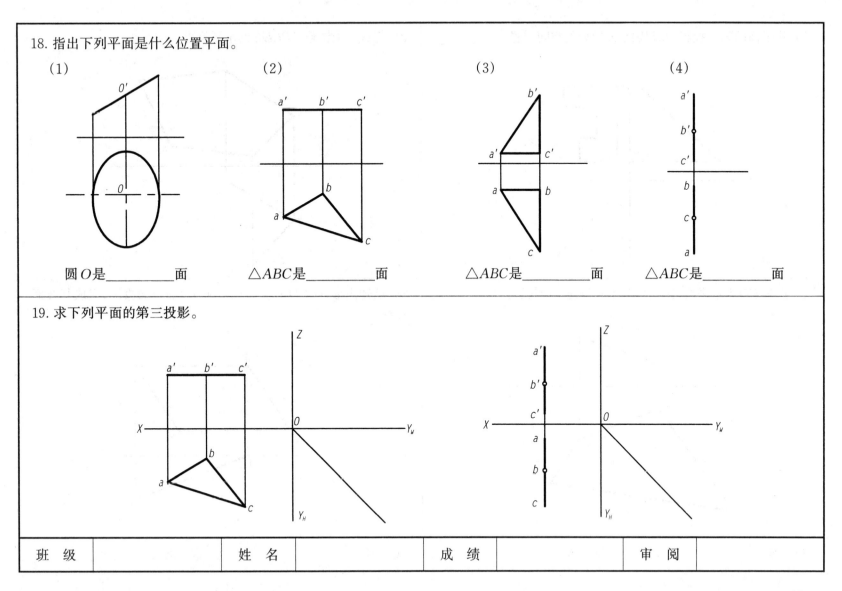

(1) 圆 O 是_____面

(2) △ABC 是_____面

(3) △ABC 是_____面

(4) △ABC 是_____面

19. 求下列平面的第三投影。

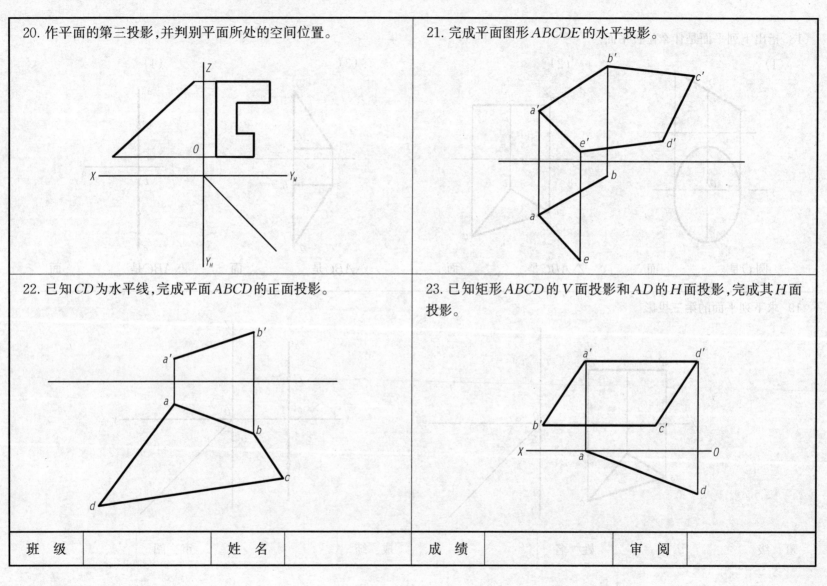

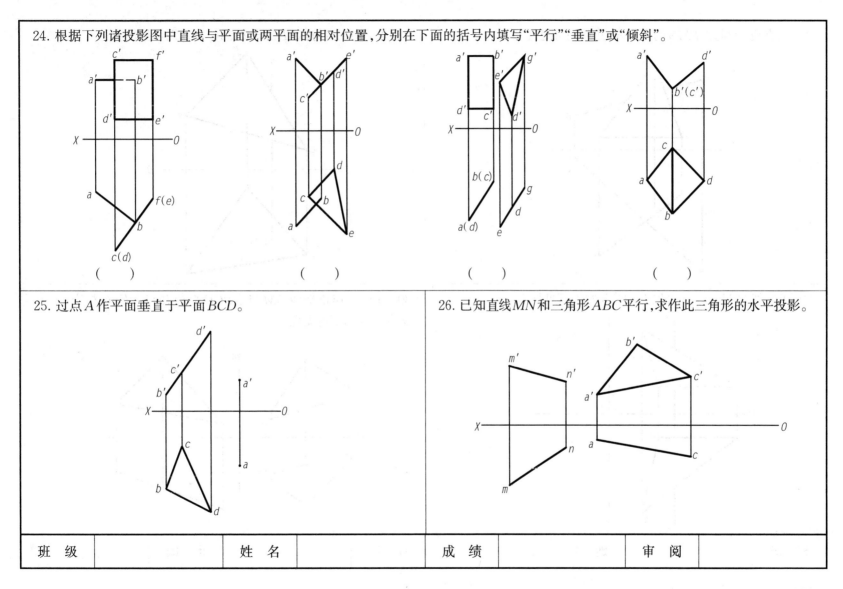

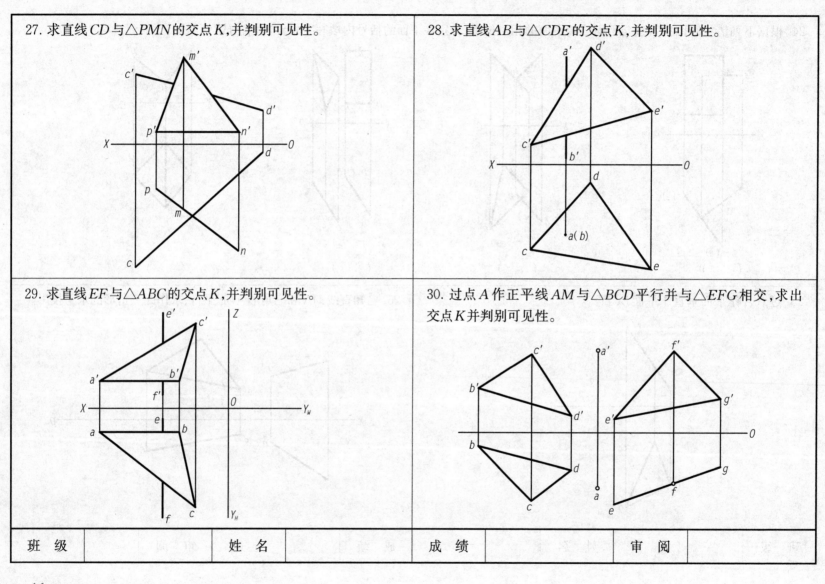

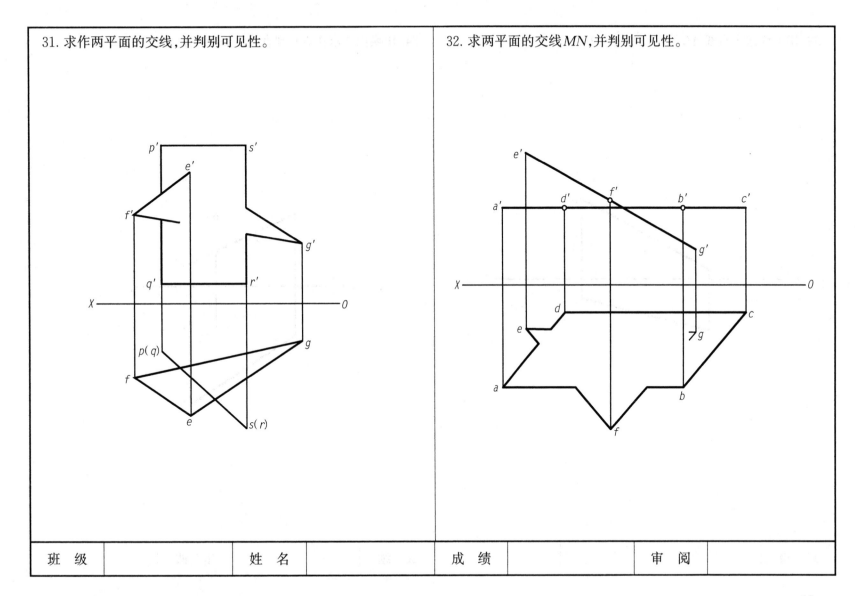

33. 用换面法求直线 AB 的实长及倾角 β。

34. 用换面法求作点 C 到直线 AB 的距离。

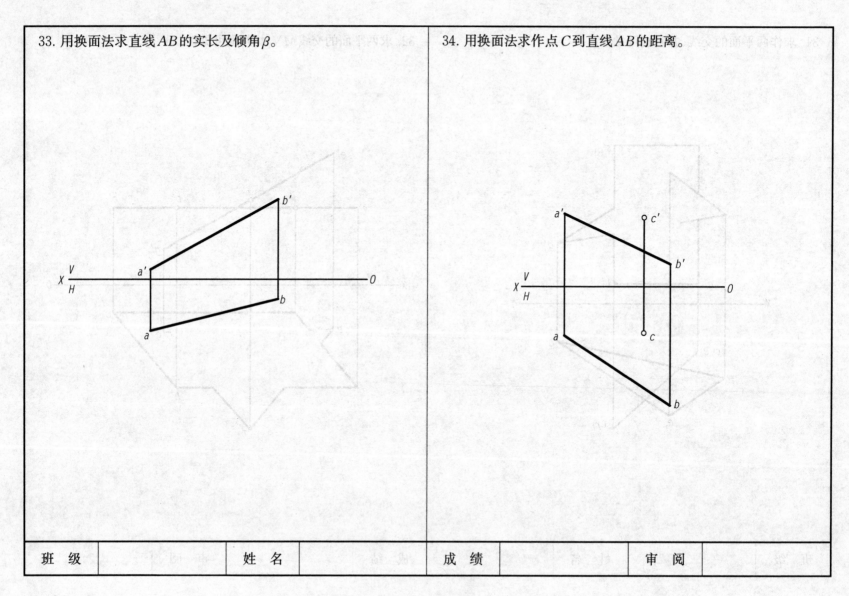

35. 补全等腰三角形 CDE 的两面投影,边 $CD=CE$,顶点 C 在直线 AB 上。

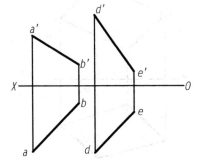

36. AB、CD 为两平行的水平线,在直线 EF 上找一点 G,使其分别到两直线 AB、CD 的距离相等。

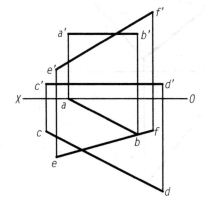

37. 补画以AB为底的等腰△ABC的水平投影。

38. 用换面法求作平行四边形ABCD的实形。

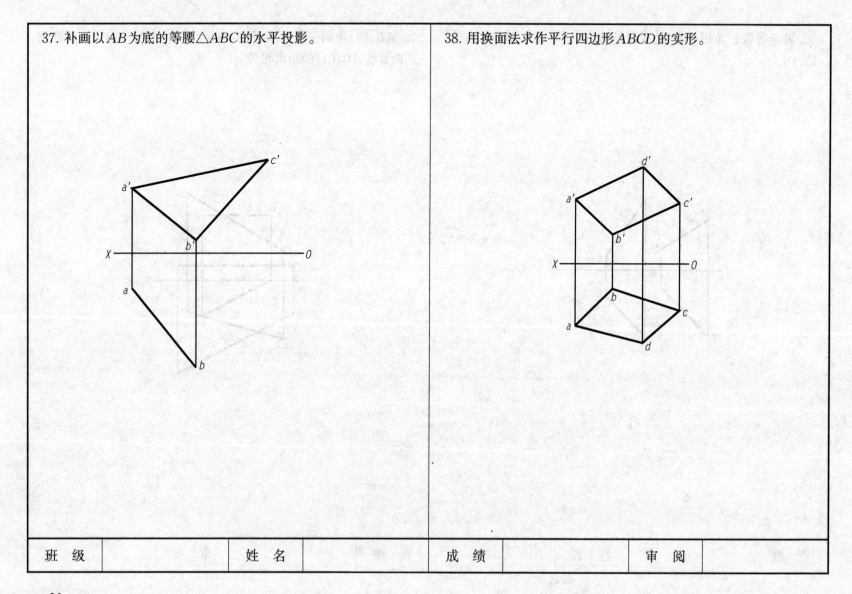

第3章 立体的投影

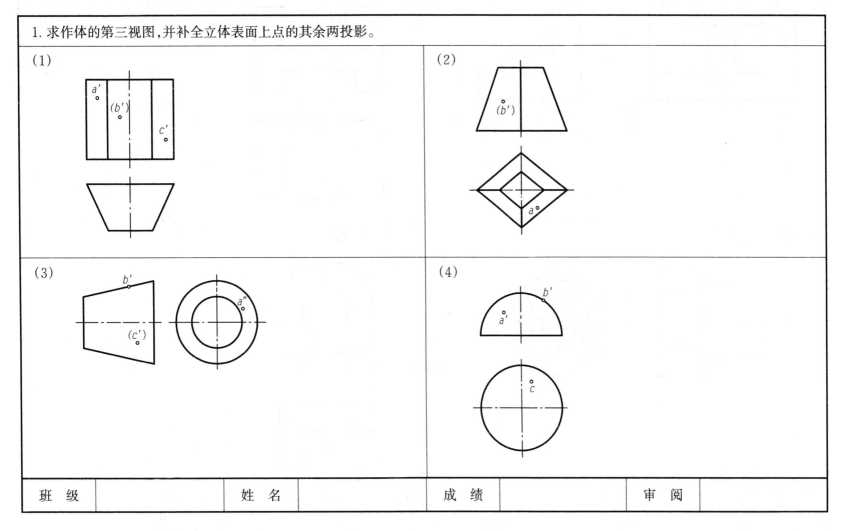

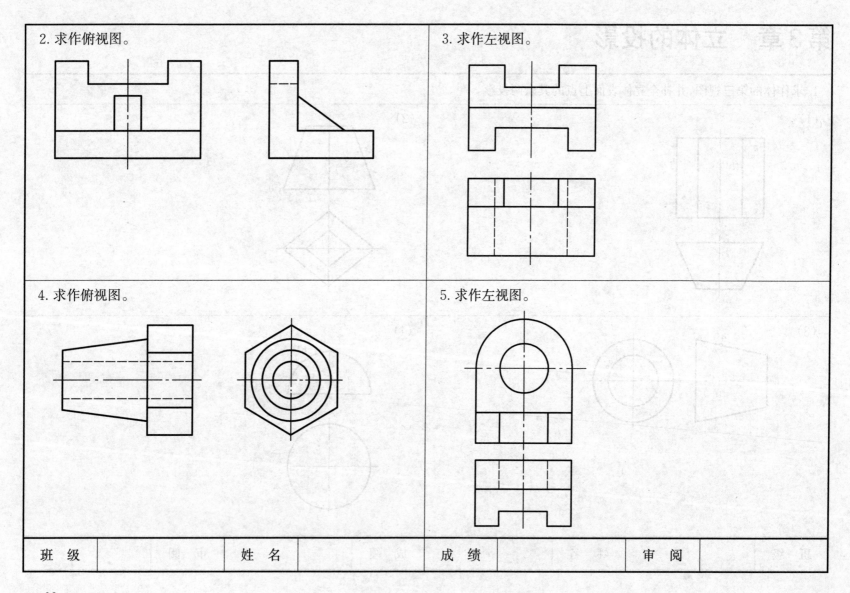

6.求作俯视图(要求徒手绘图,作出四种不同的解答)。

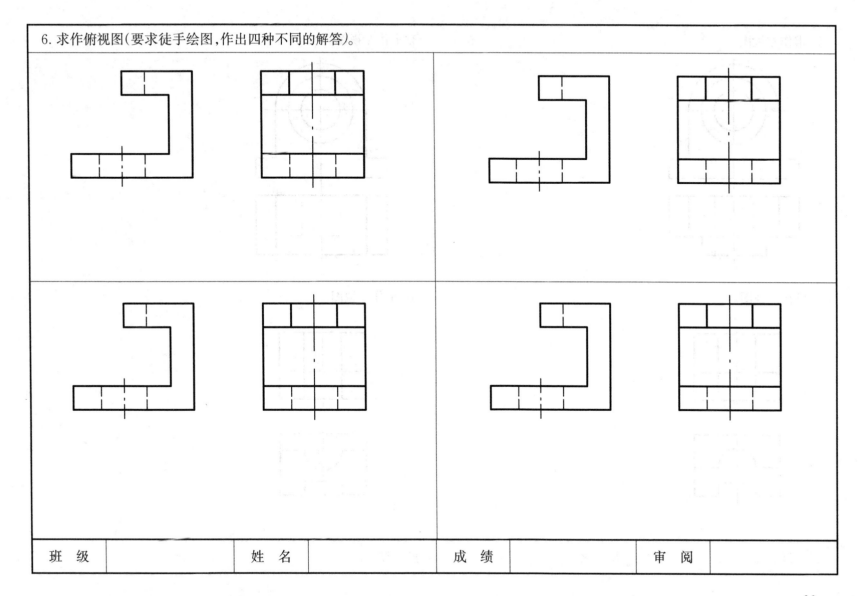

| 班　级 | | 姓　名 | | 成　绩 | | 审　阅 | |

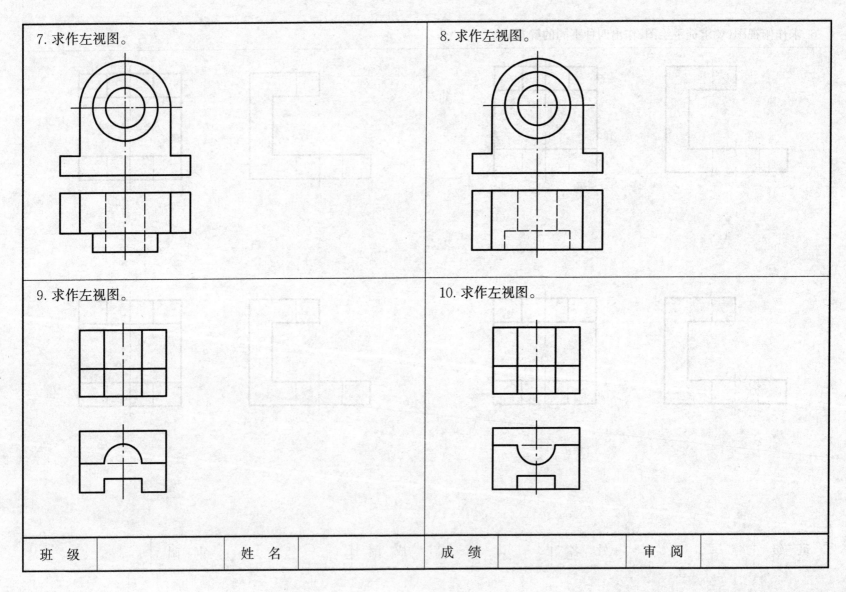

11. 求作左视图，并用彩色笔勾画出平面P的三投影。

12. 求作俯视图，并用彩色笔勾画出平面Q的三投影。

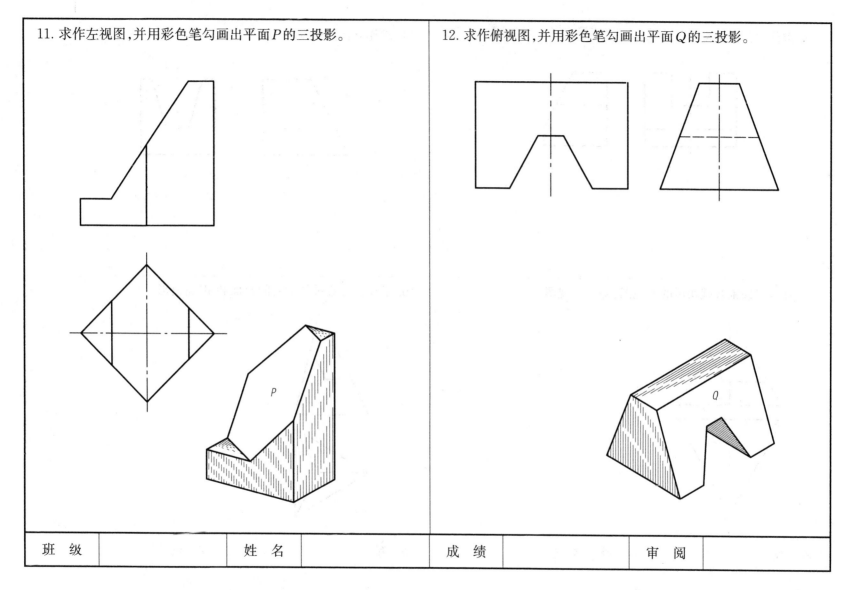

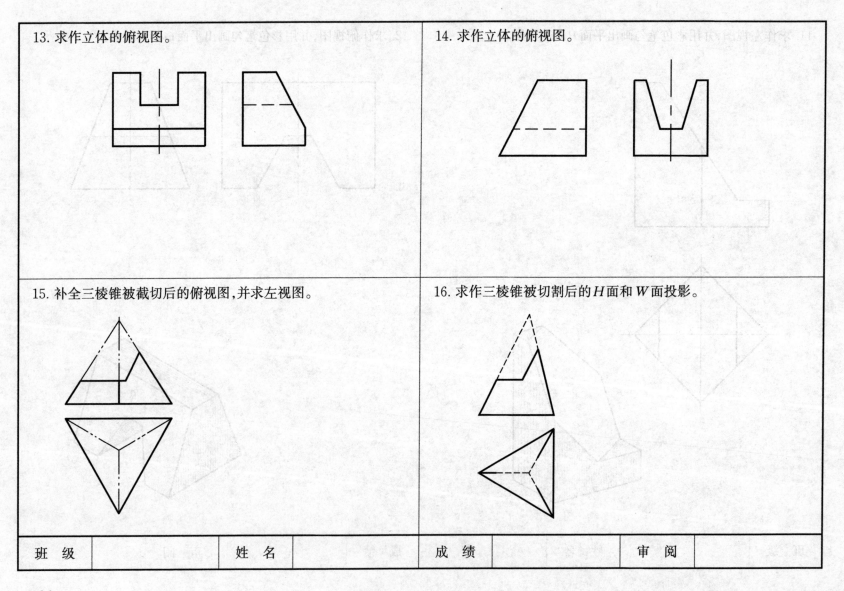

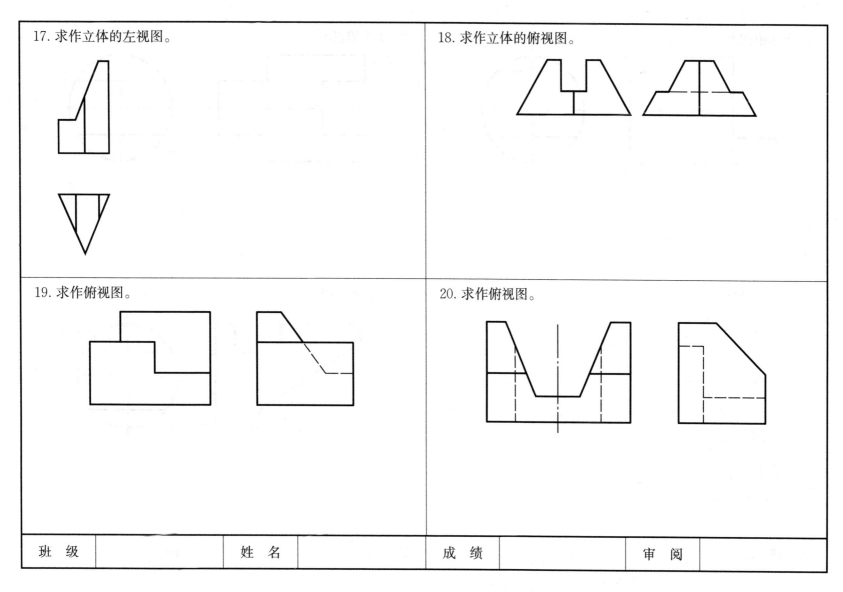

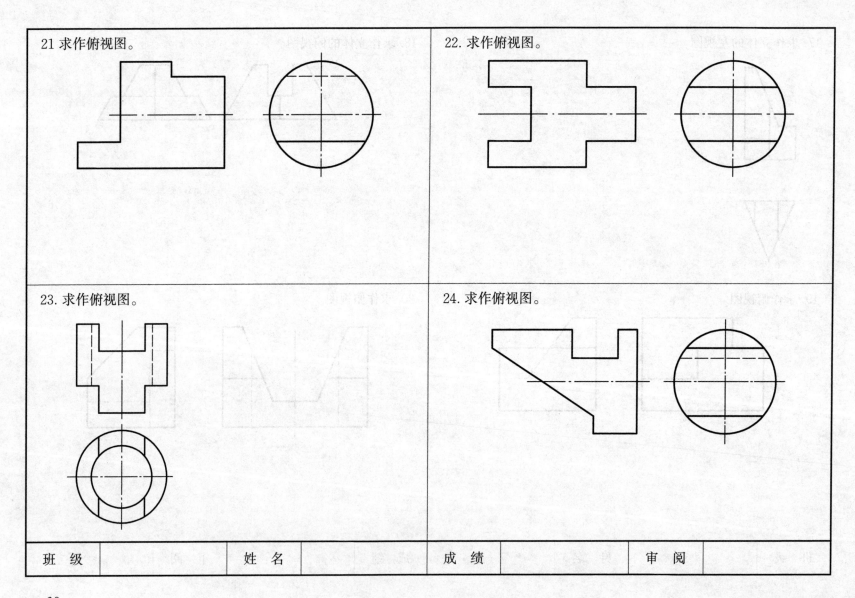

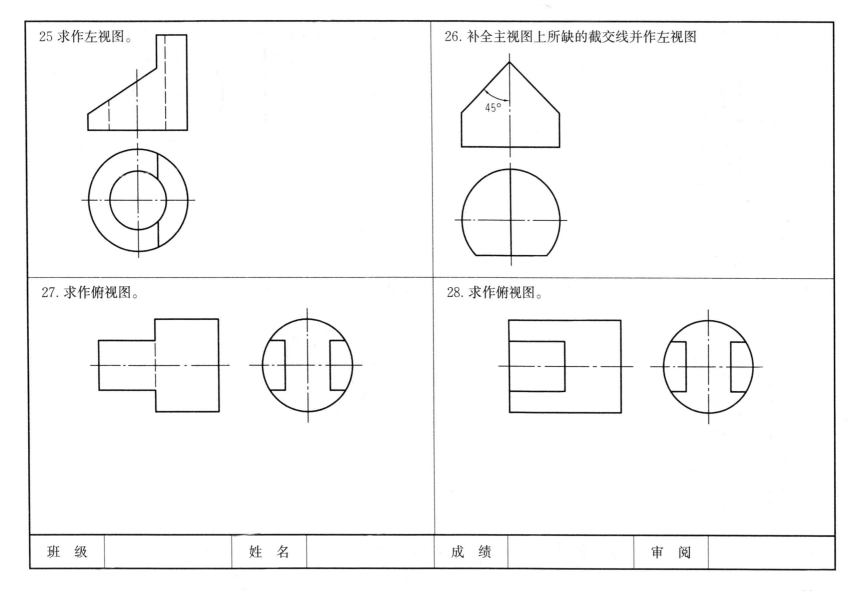

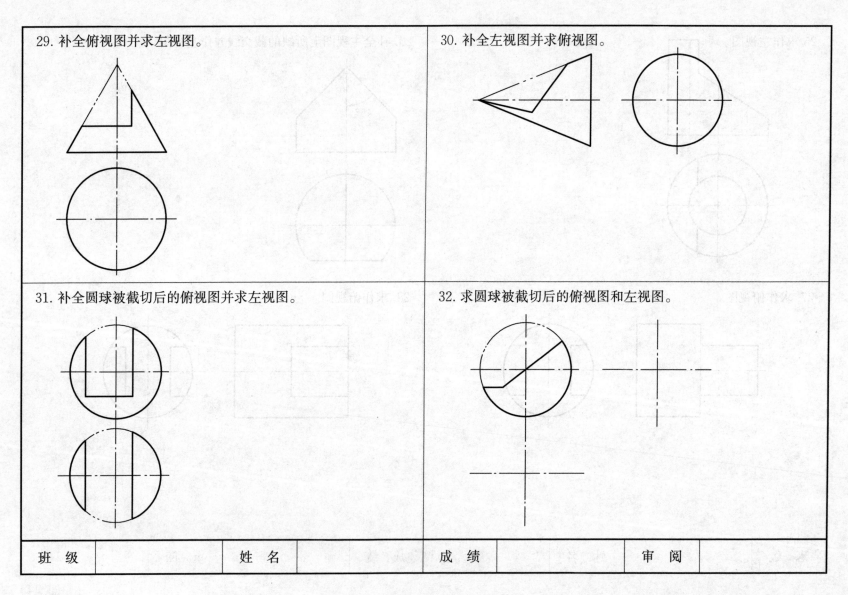

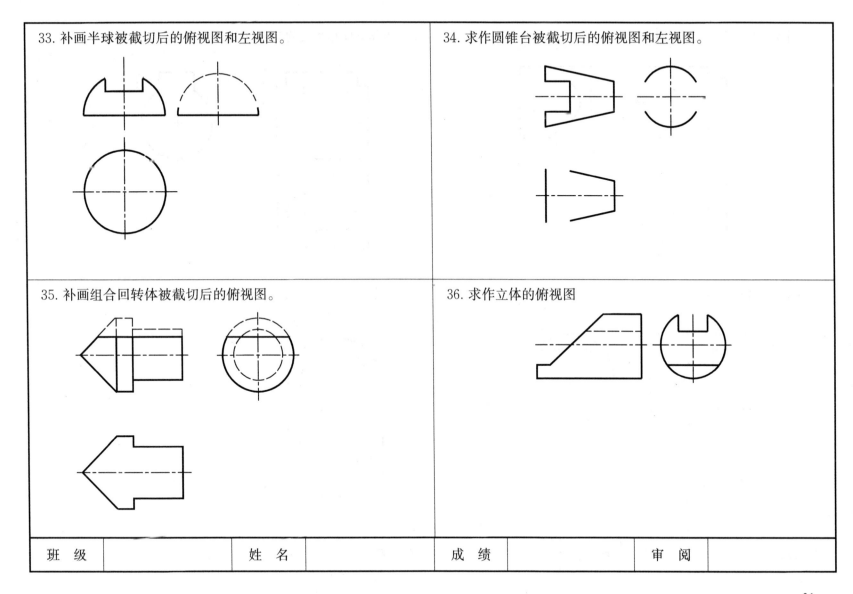

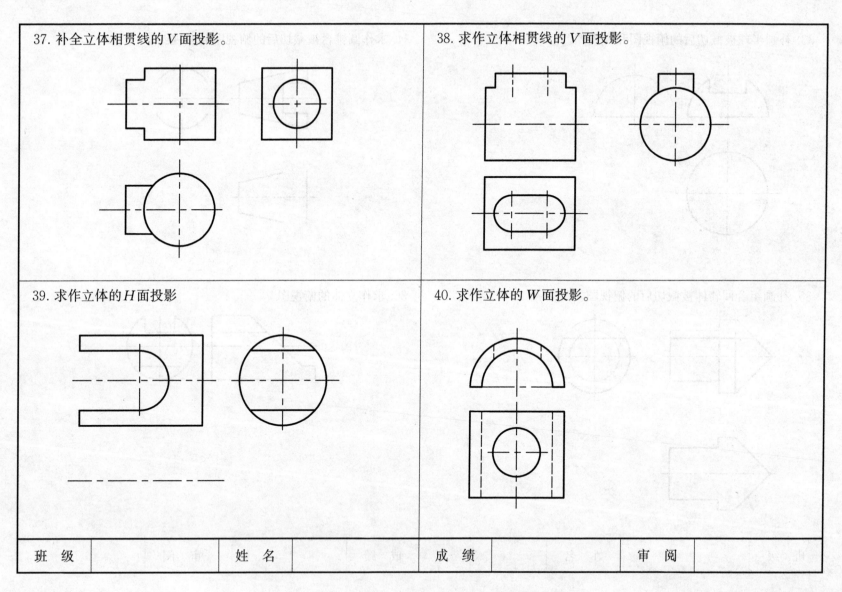

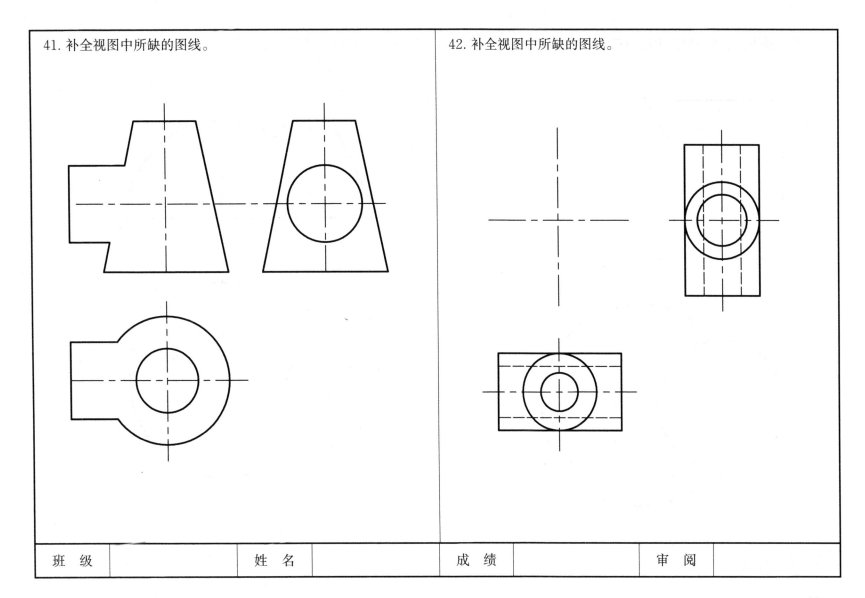

43. 用辅助平面法求主视图上的相贯线。

44. 补全立体的主视图和俯视图。

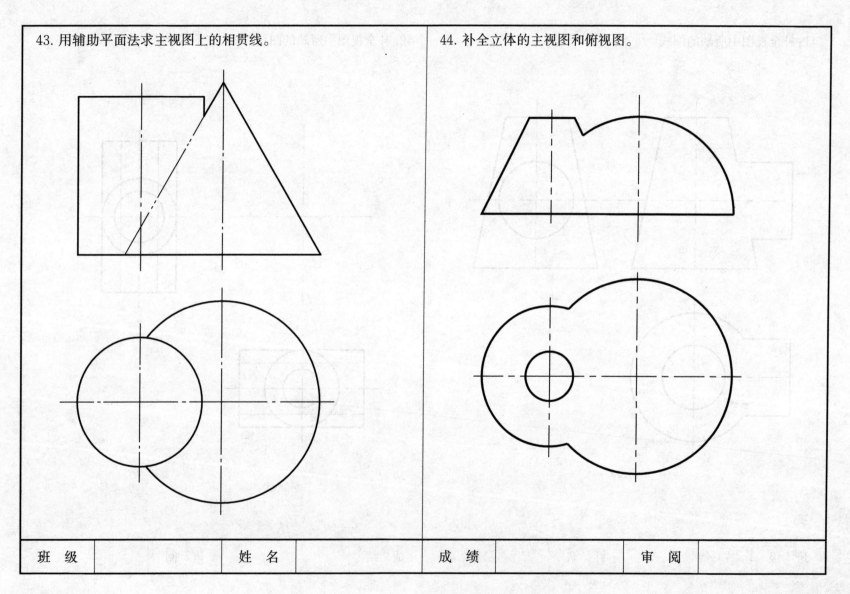

第4章 组合体

1. 根据立体模型,补画视图中所缺的图线。

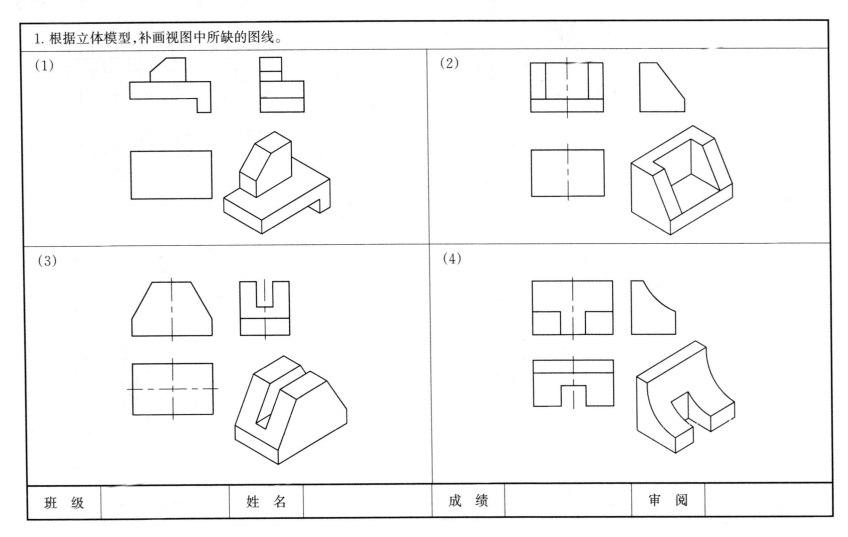

2. 根据立体模型，徒手完成立体的三视图。

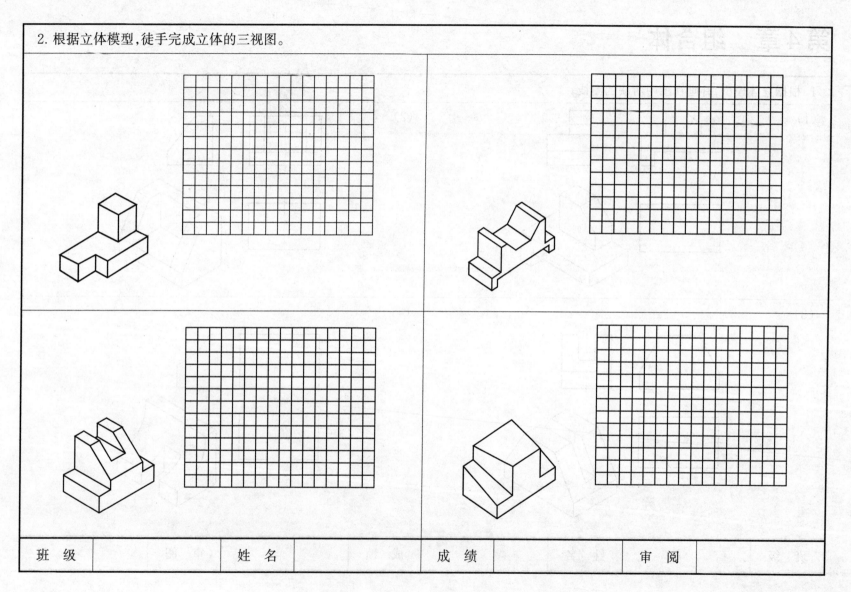

3. 分析形状的变化，补齐视图中所缺的线。

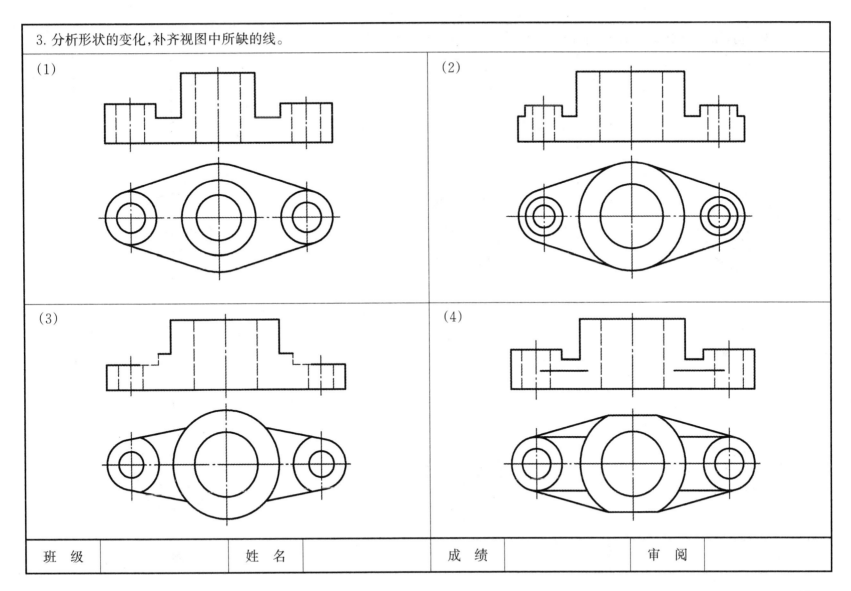

4. 由俯视图构思出多个形体,并画出它们的三视图。

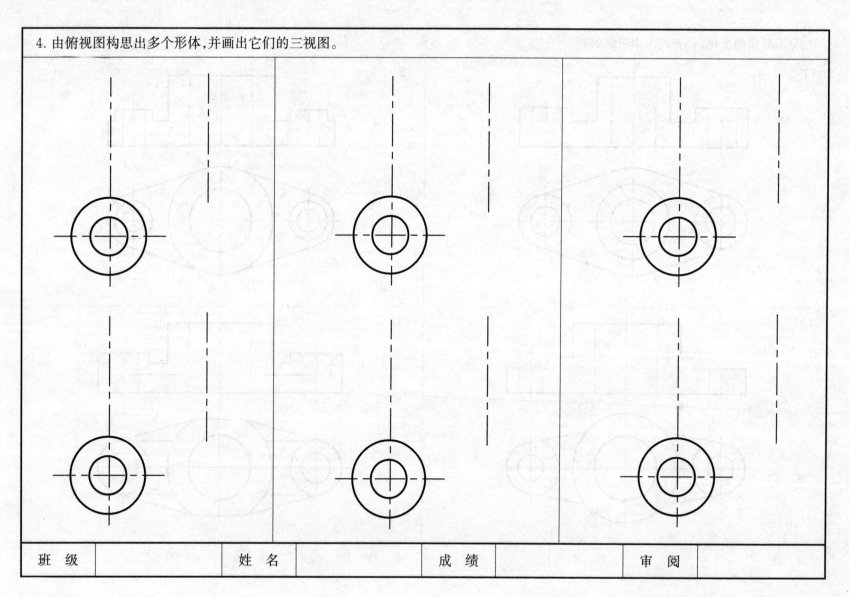

5. 由主、俯视图构思形体,并作出其左视图。

| 班级 | | 姓 名 | | 成 绩 | | 审 阅 | |

6. 根据两视图，求作第三视图。

(1)　　　　　　　　　　　　　　　　(2)

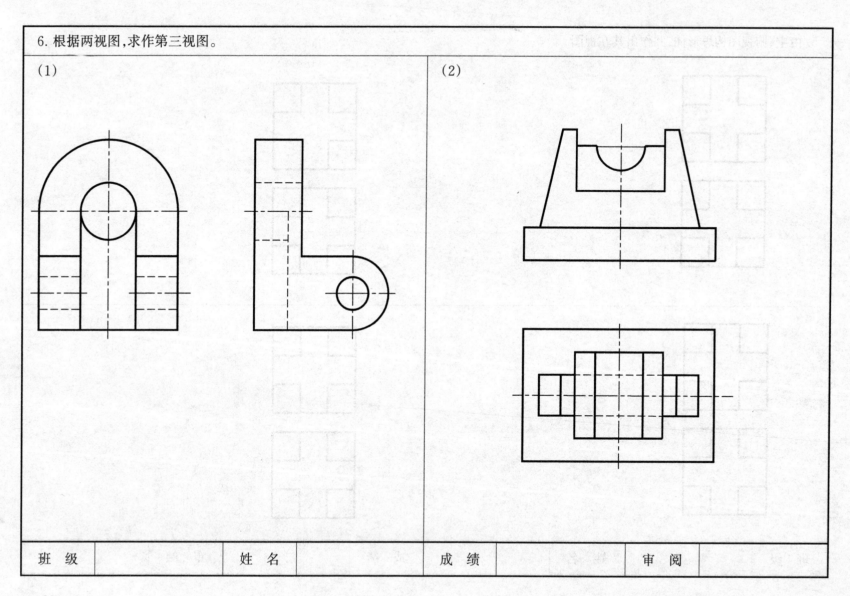

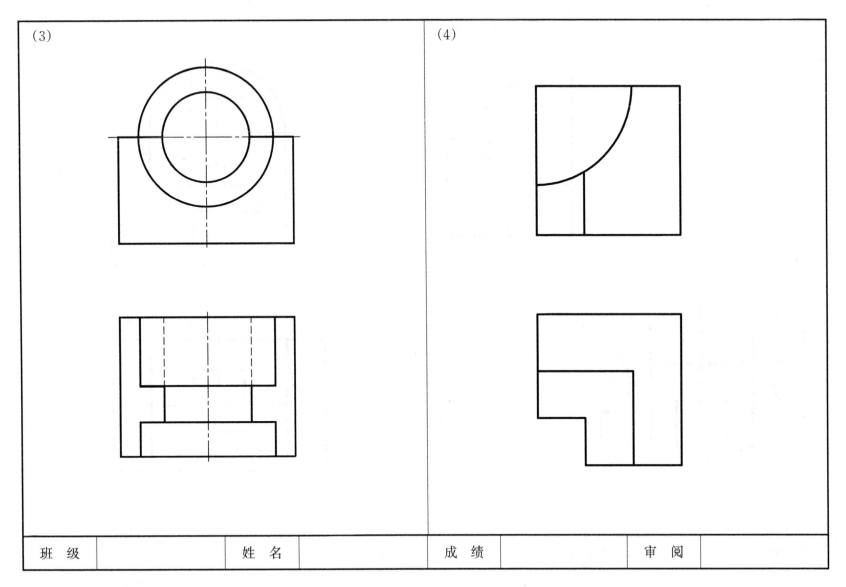

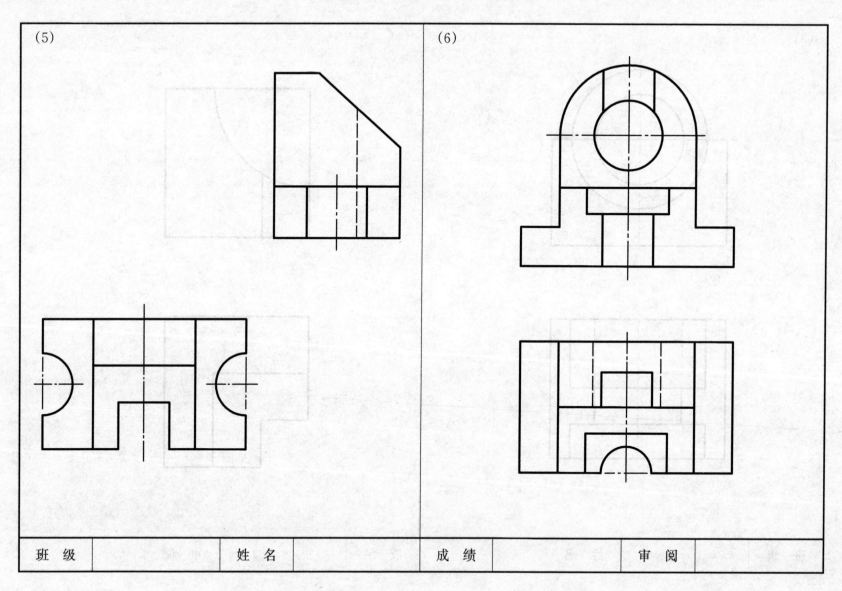

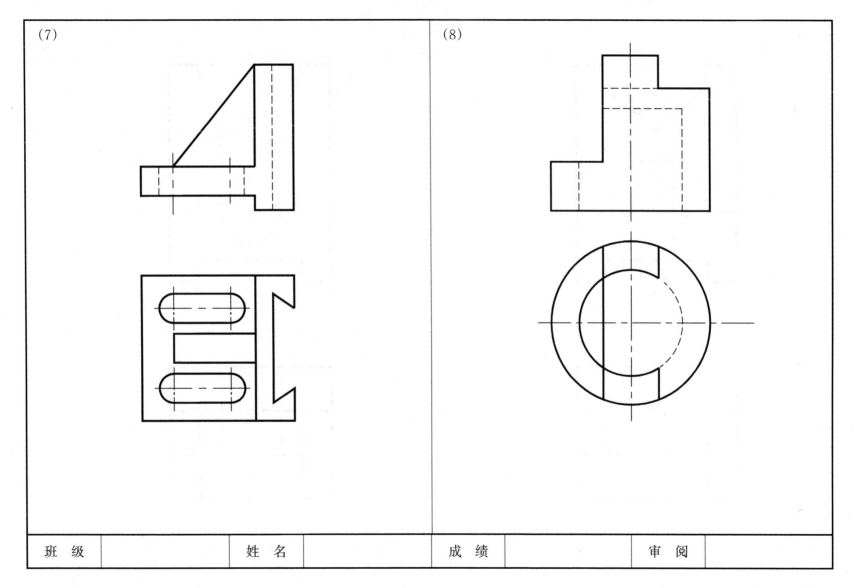

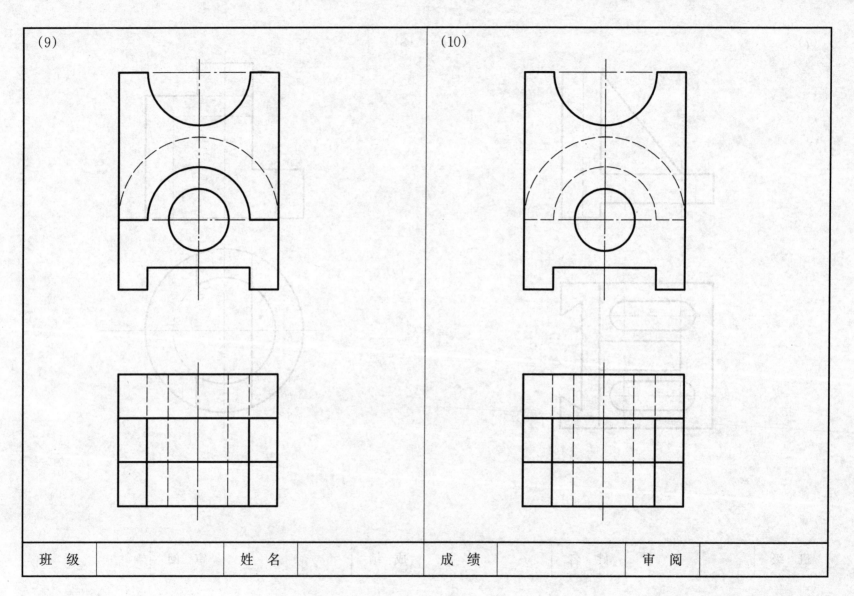

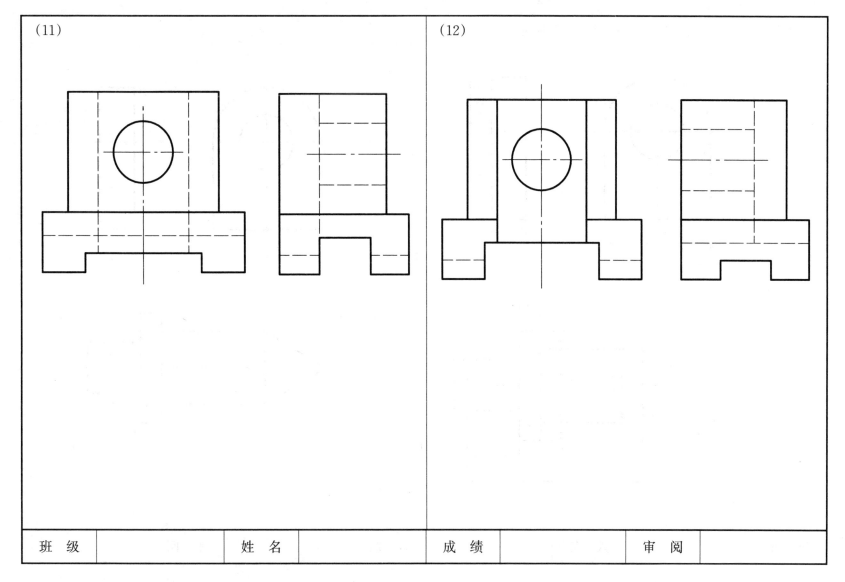

7. 找出图中尺寸注法的错误,并在右图上正确标注。

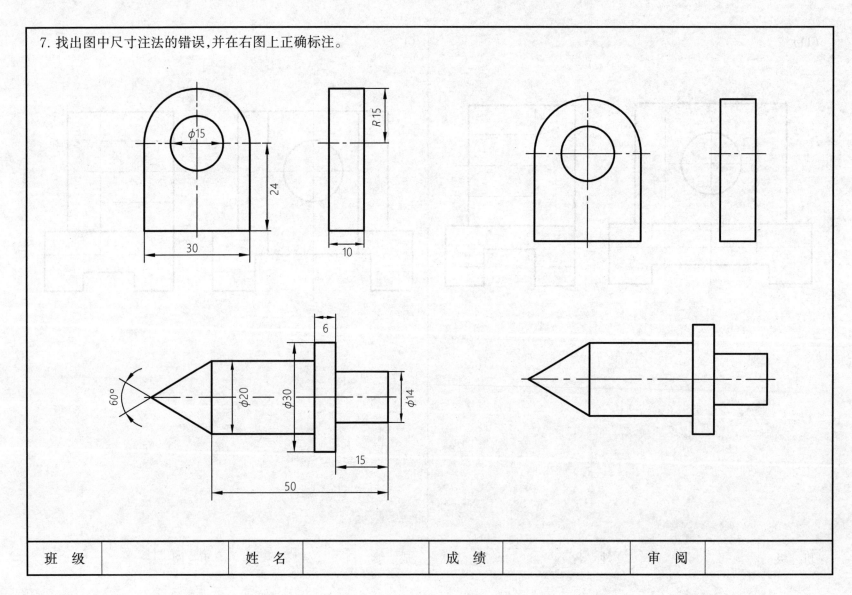

8. 标注尺寸(数值按1:1由图中量取,取整数)。

(1)

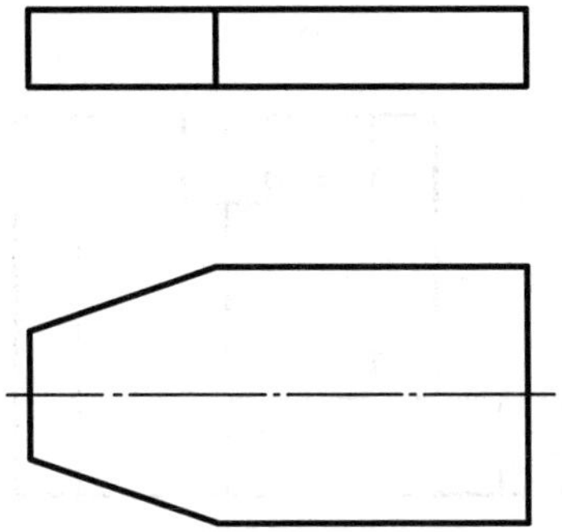

(2)

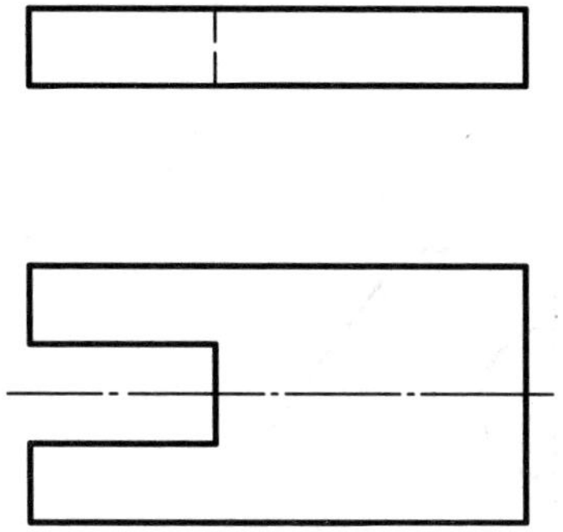

(3)

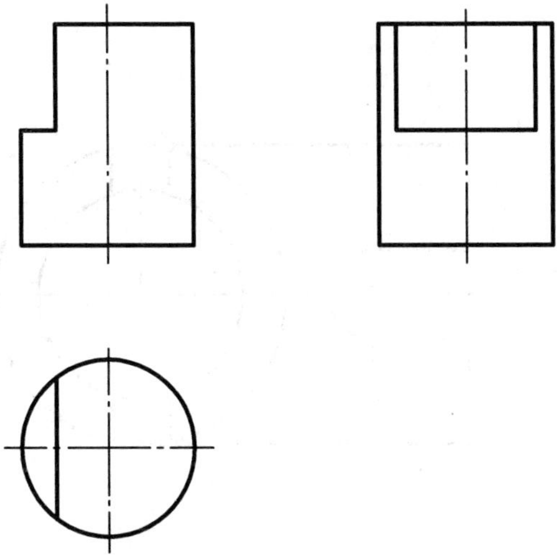

(4)

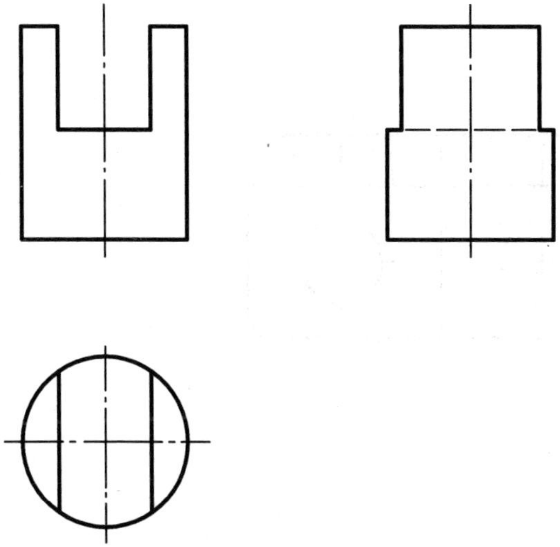

| 班 级 | | 姓 名 | | 成 绩 | | 审 阅 | |

9. 标注尺寸(数值由1:1从图中量取,取整数)。

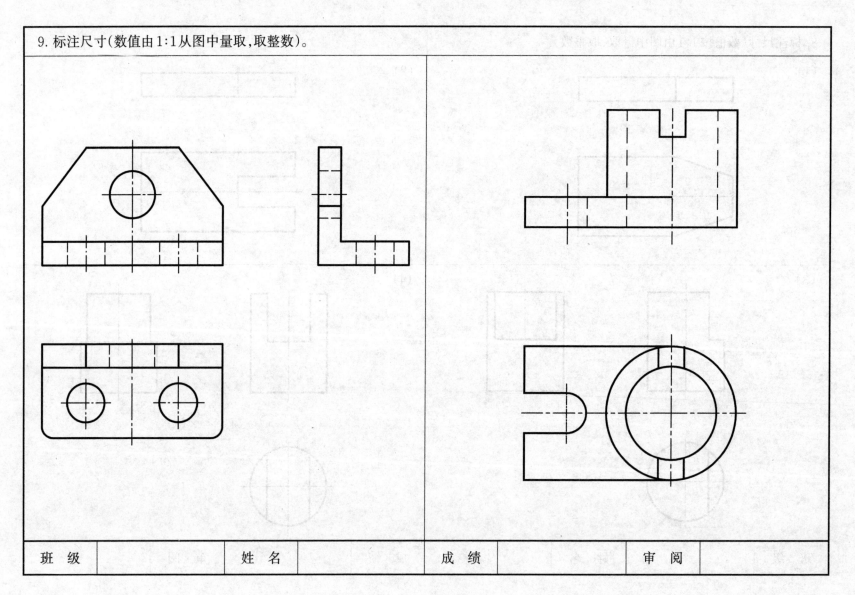

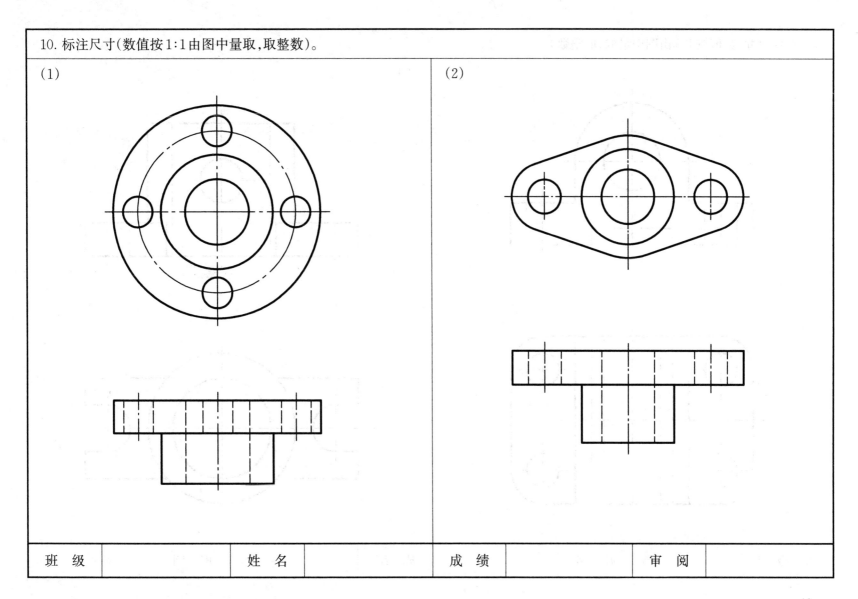

11. 标注尺寸(数值按1:1由图中量取,取整数)。

(1)

(2)

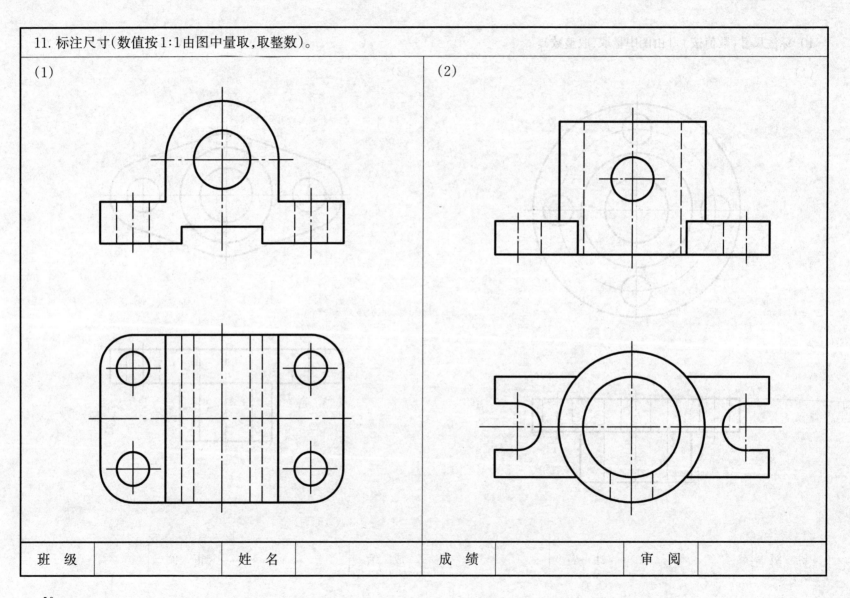

12. 求作左视图并标注尺寸(数值按1:1由图中量取,取整数)。

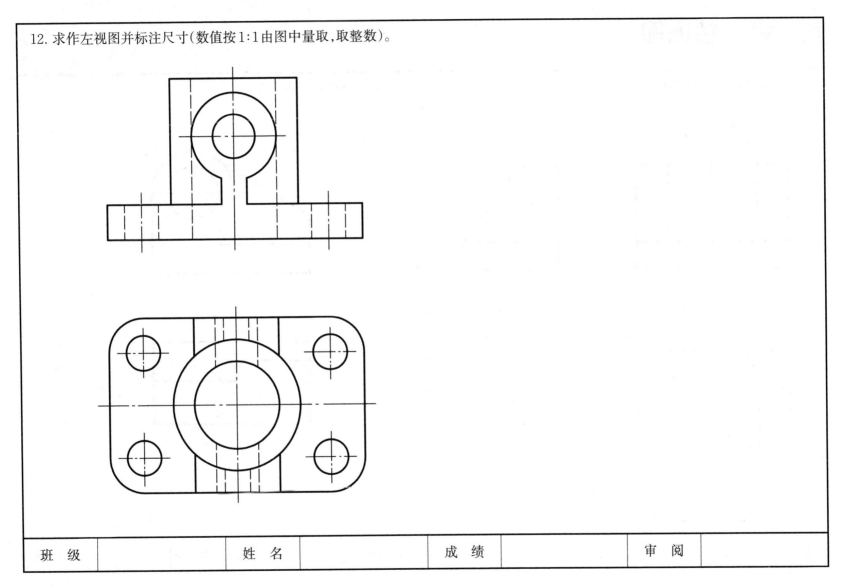

| 班　级 | | 姓　名 | | 成　绩 | | 审　阅 | |

第5章 轴测图

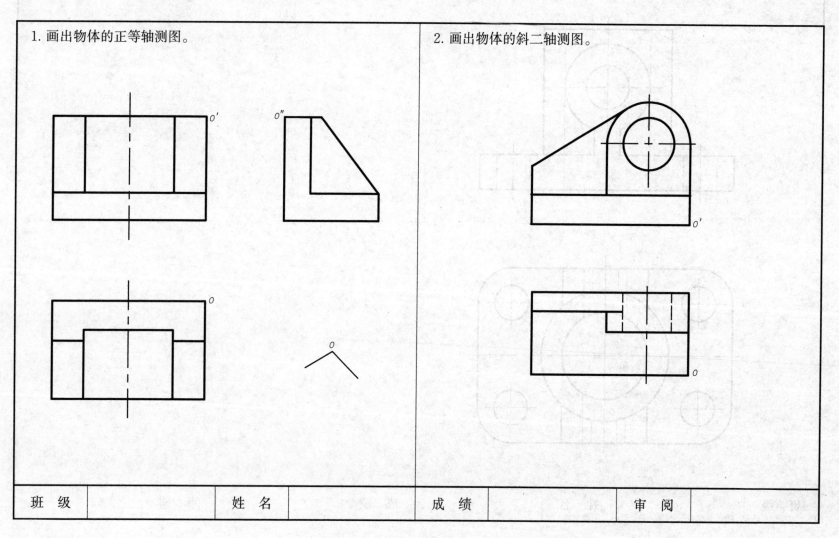

3. 徒手画体的正等轴测图和斜二轴测图。

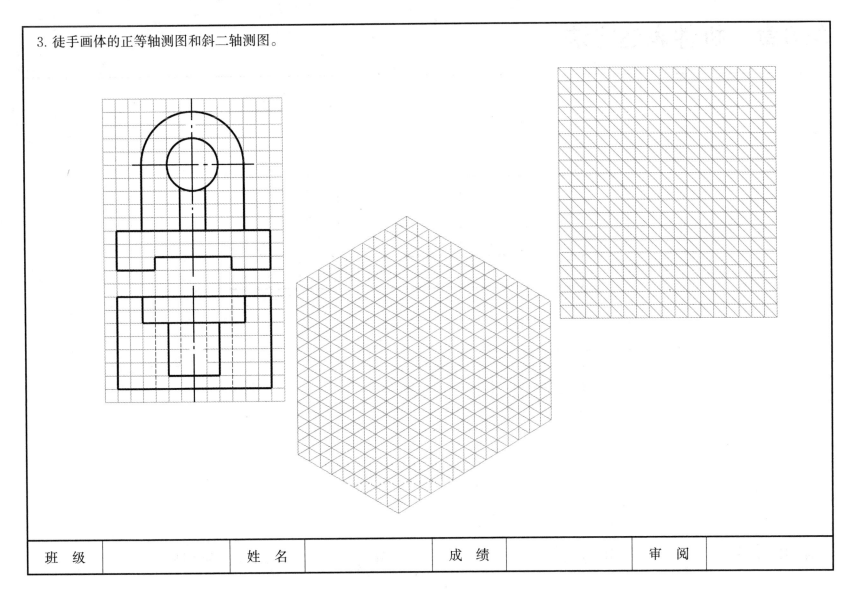

第6章 机件表达方法

1. 已知物体的主、俯、左视图，画出物体的其他三个基本视图。

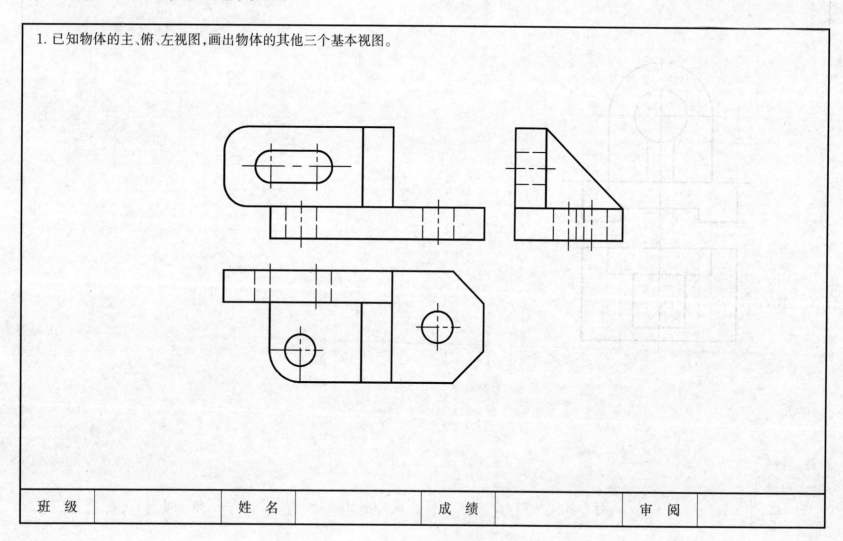

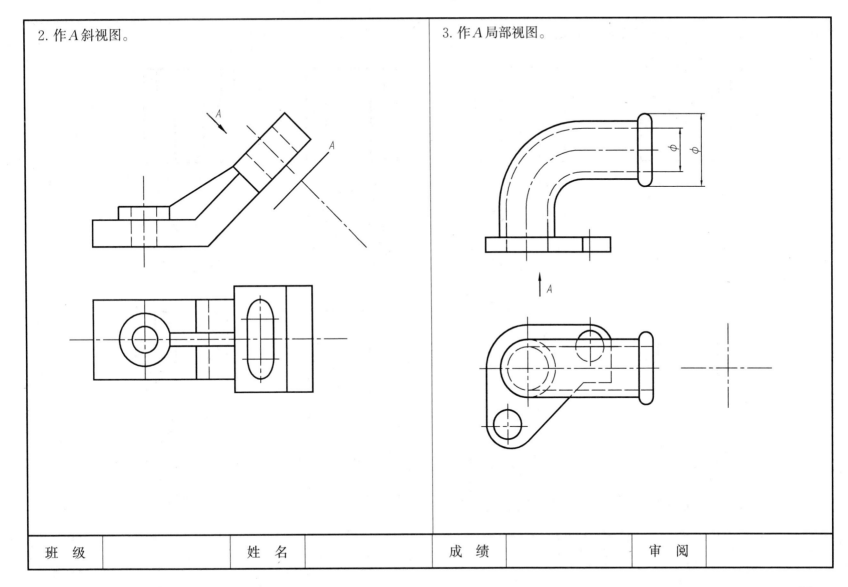

4. 改正剖视图中的错误(将缺的线补上,多余的线上打×)。

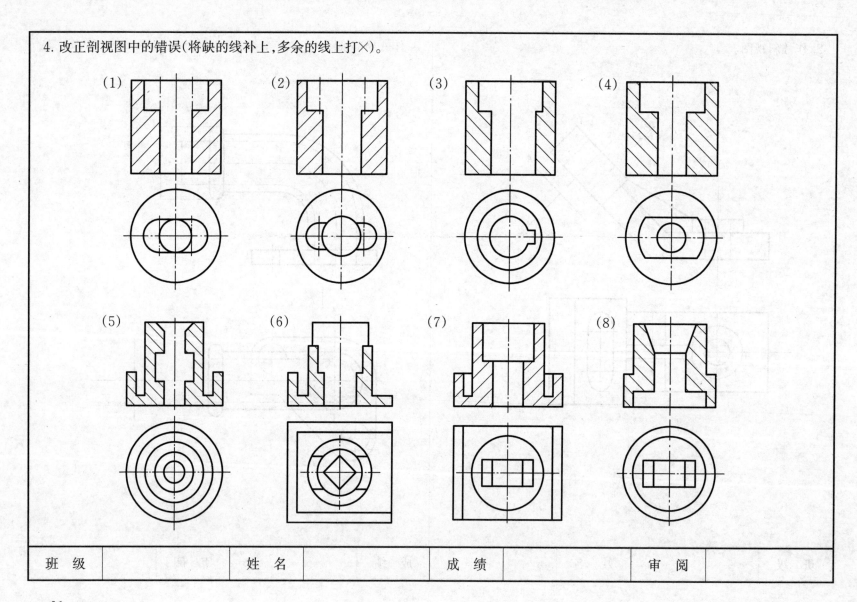

5. 补画剖视图中所缺的图线。

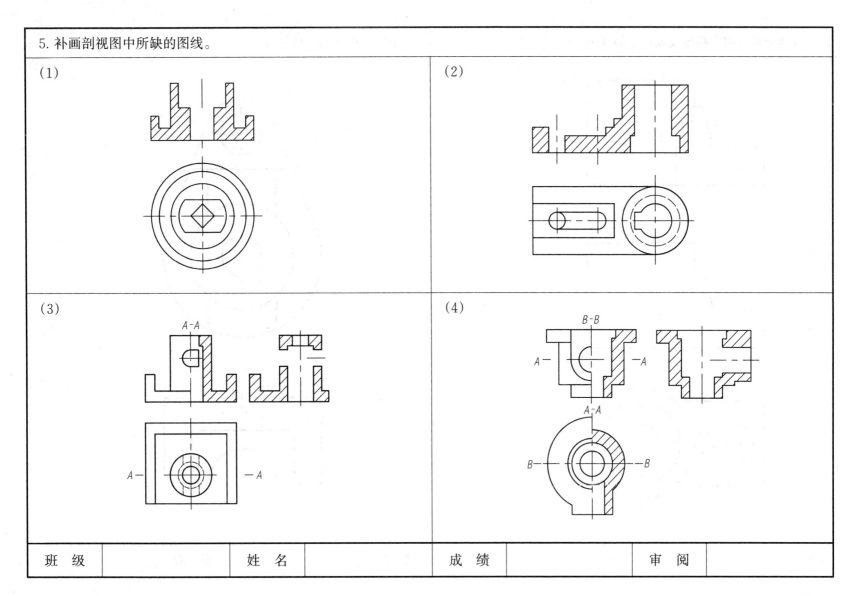

6. 在指定位置将主视图改画成全剖视图。

7. 求作左视图(取全剖视)。

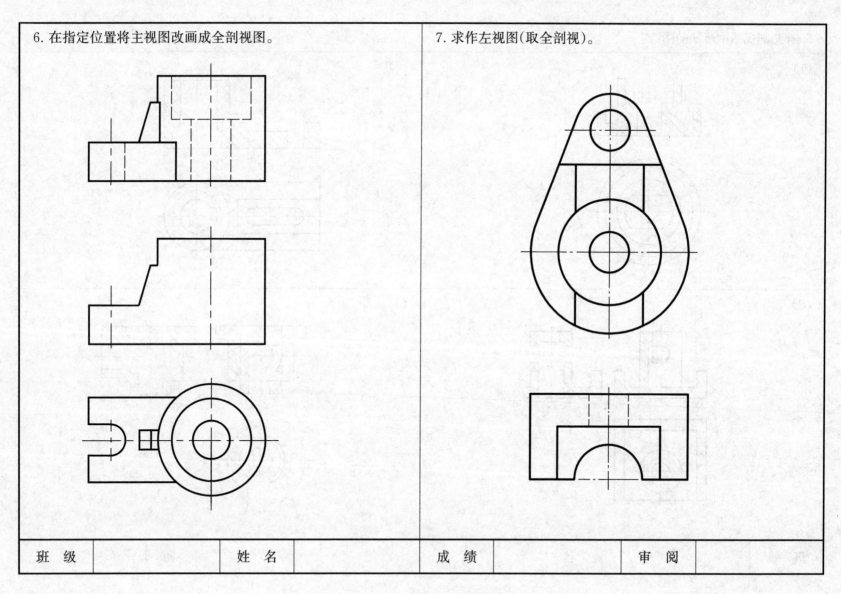

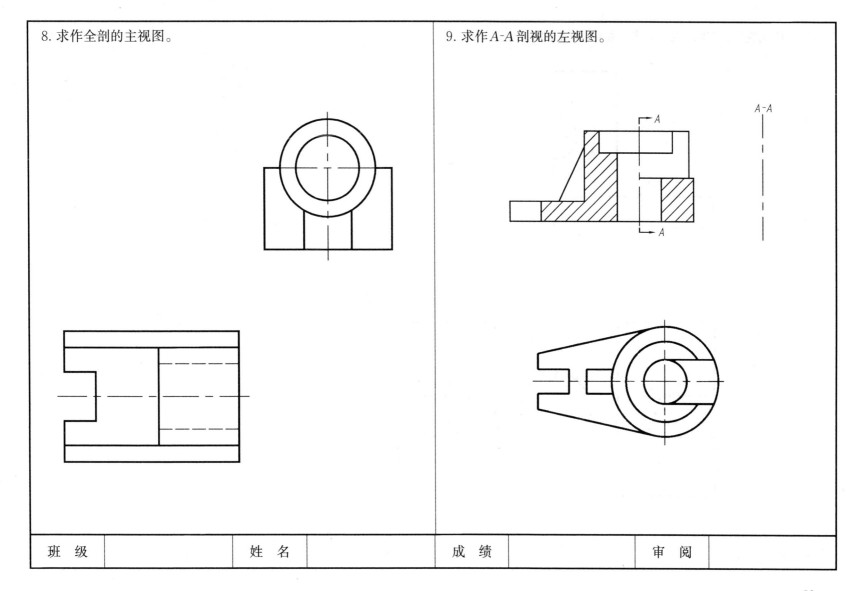

10. 完成主视图(取半剖视),并求左视图(取全剖视)。

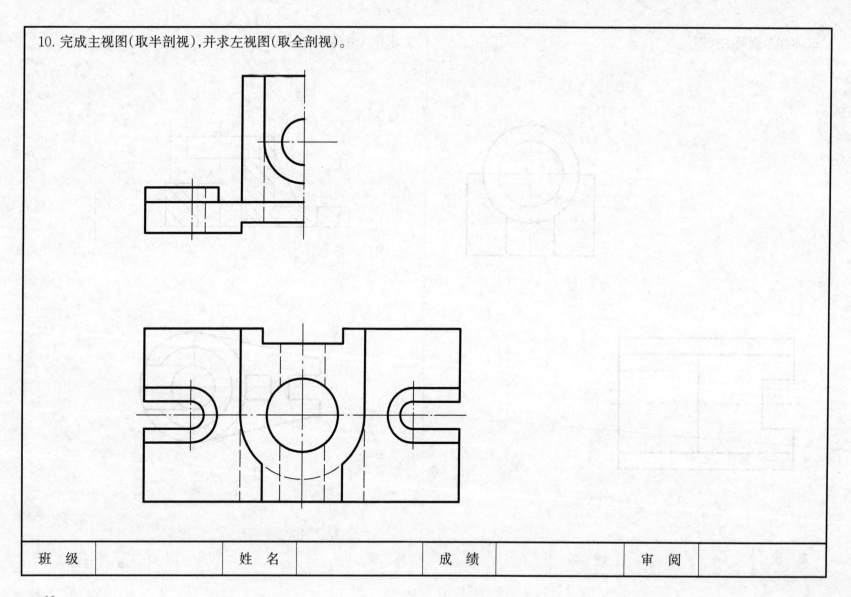

| 班　级 | | 姓　名 | | 成　绩 | | 审　阅 | |

11. 完成主视图(取半剖视)并求作左视图(取全剖视)。

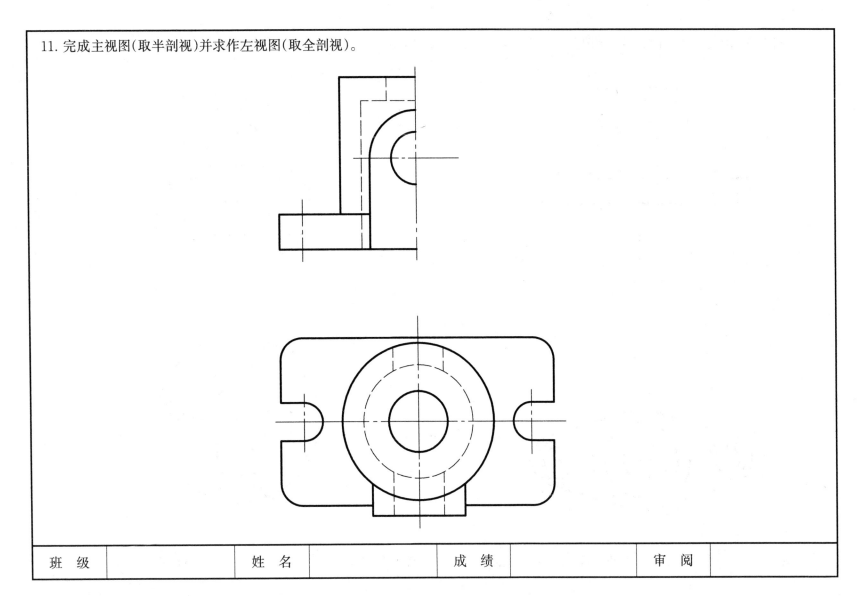

| 班 级 | | 姓 名 | | 成 绩 | | 审 阅 | |

12. 在指定位置将主视图改画成半剖视图。

13. 求作左视图(取半剖视)。

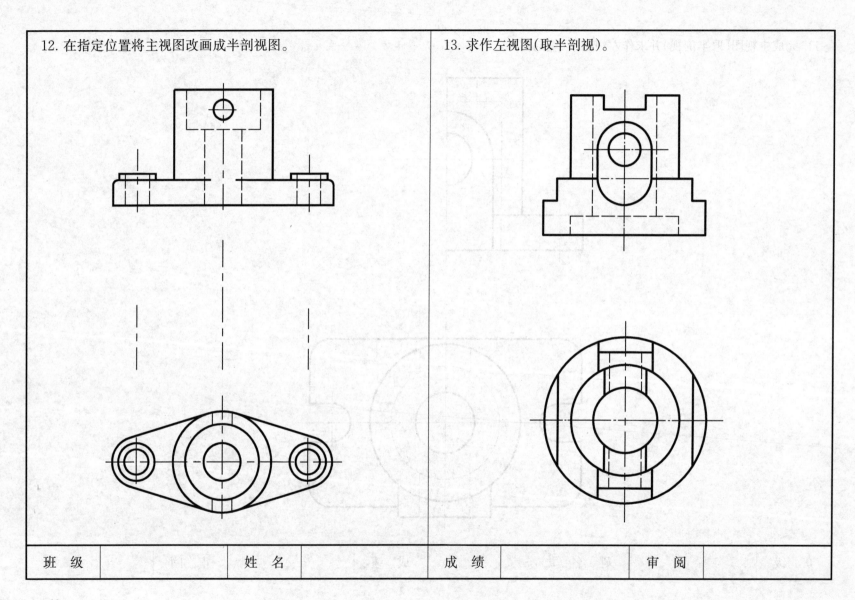

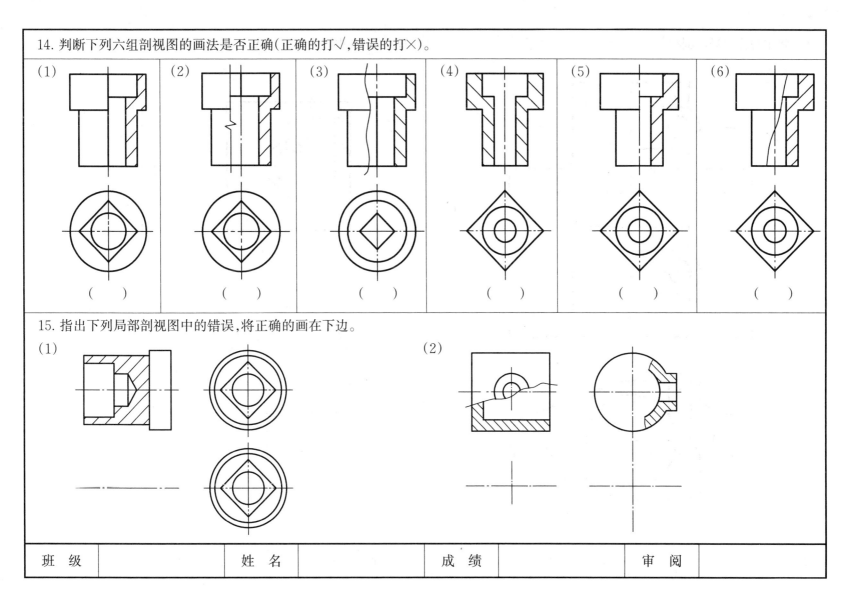

16. 将主视作成局部剖视。

17. 分析剖视图中的错误，作出正确的剖视图。

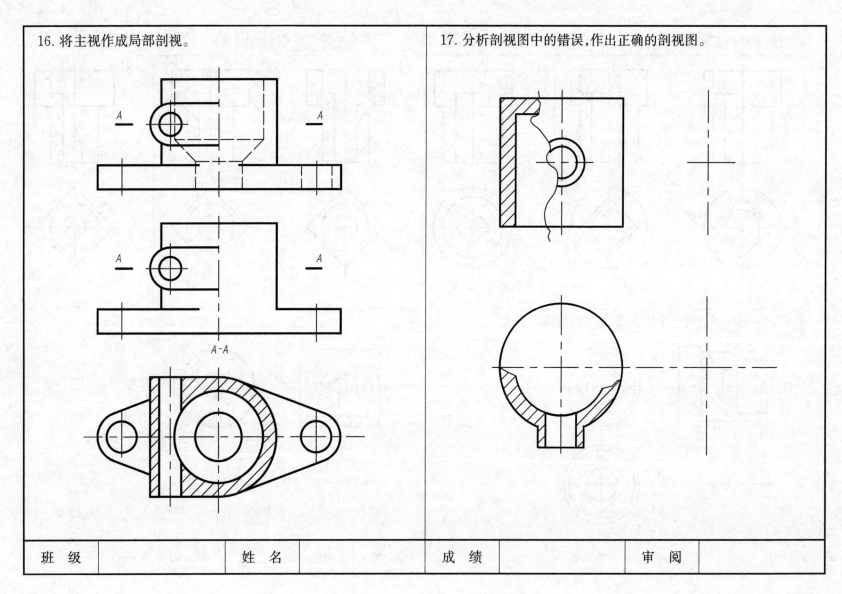

18. 求作B-B剖视图。

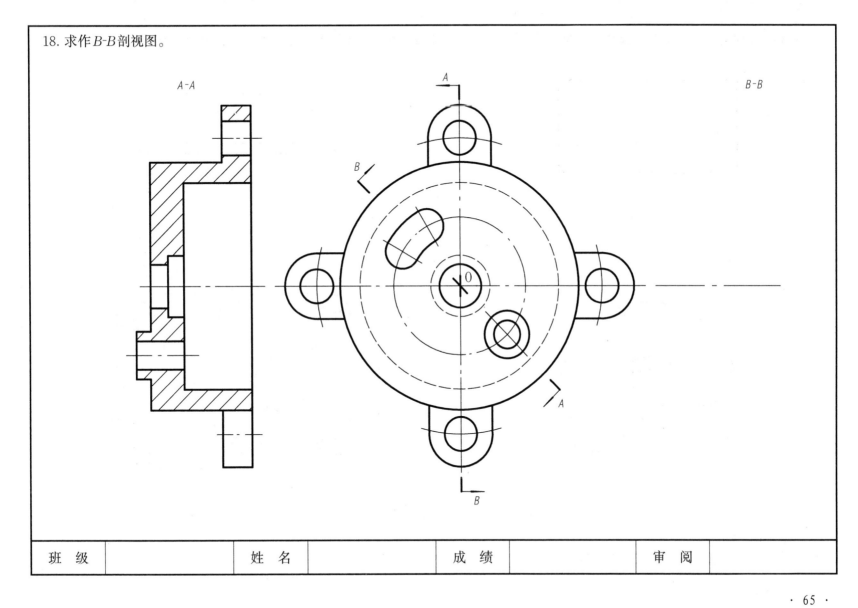

19. 用相交平面剖切,将主视图改画成全剖视图。

20. 用平行平面剖切,将主视图改画成全剖视图。

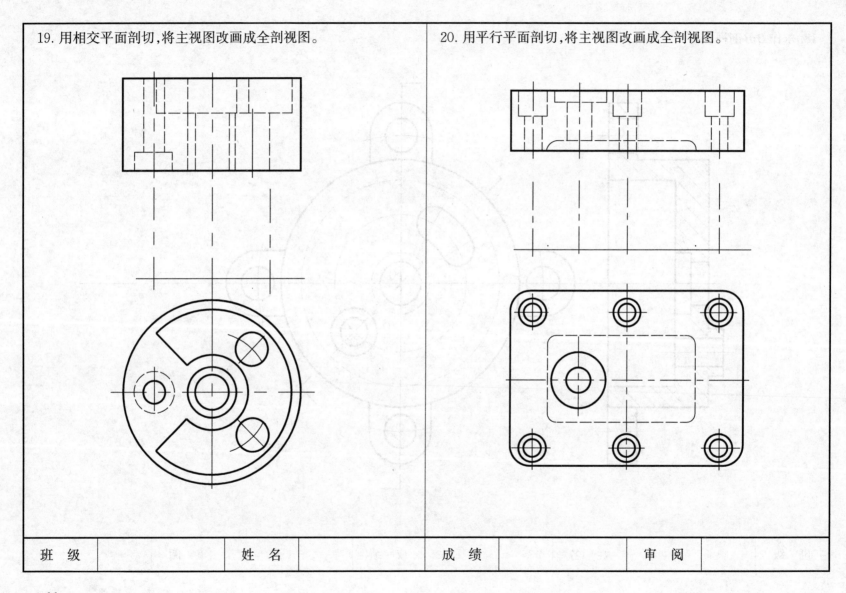

21. 在视图下方的各断面图中选出正确的断面，并在选定的断面图上方和视图中进行标注。

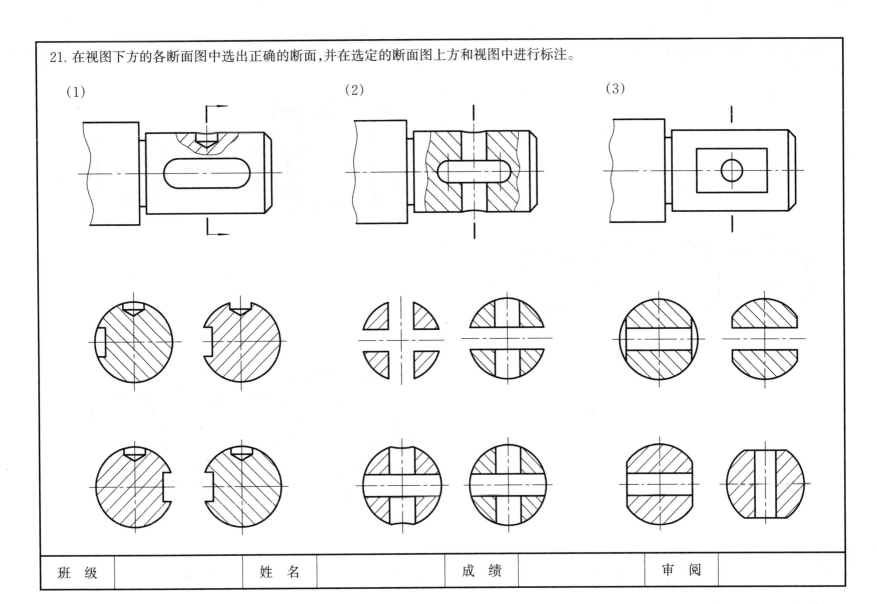

22. 求作 A-A 及 B-B 移出断面。

23. 在剖切线的延长线上画移出断面。

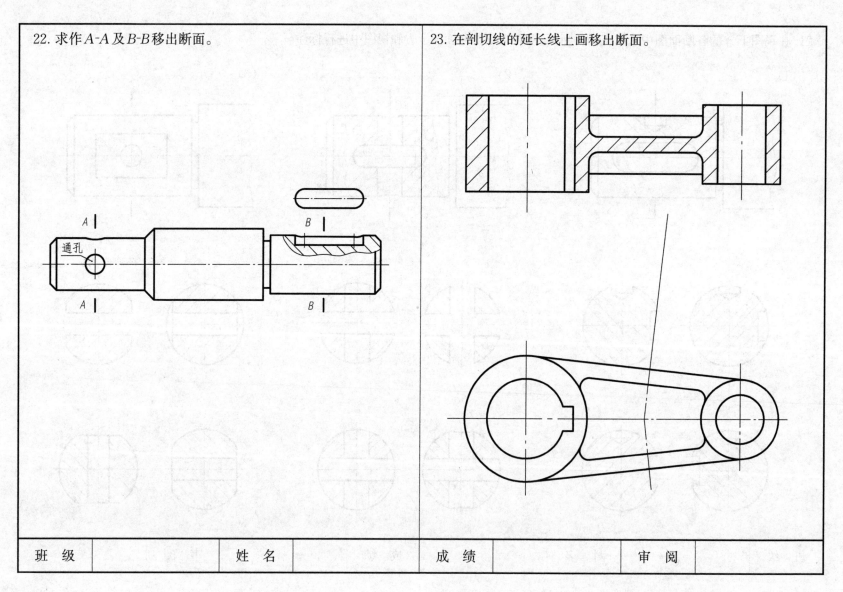

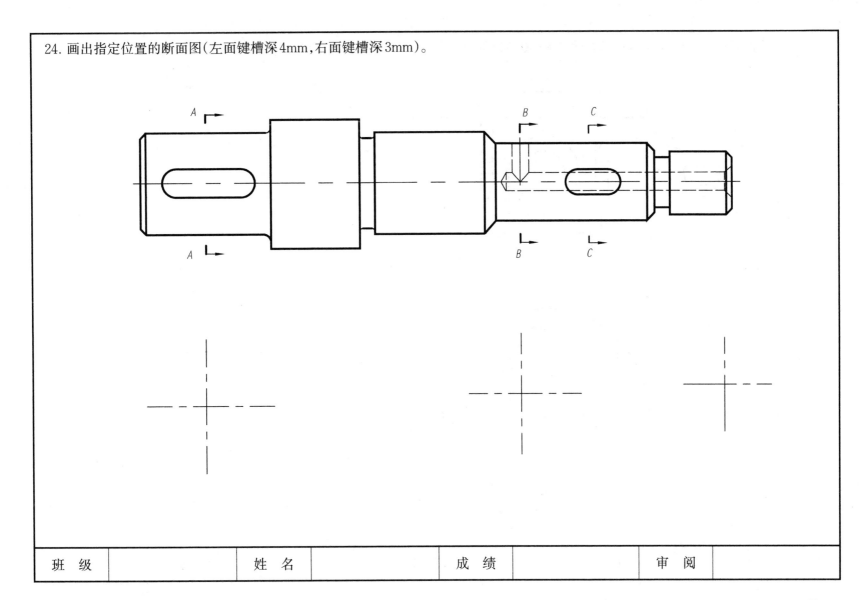

25. 根据所给视图，看懂物体的形状，选择适当的表达方法将物体的内、外形表达清楚（画在空白处）。

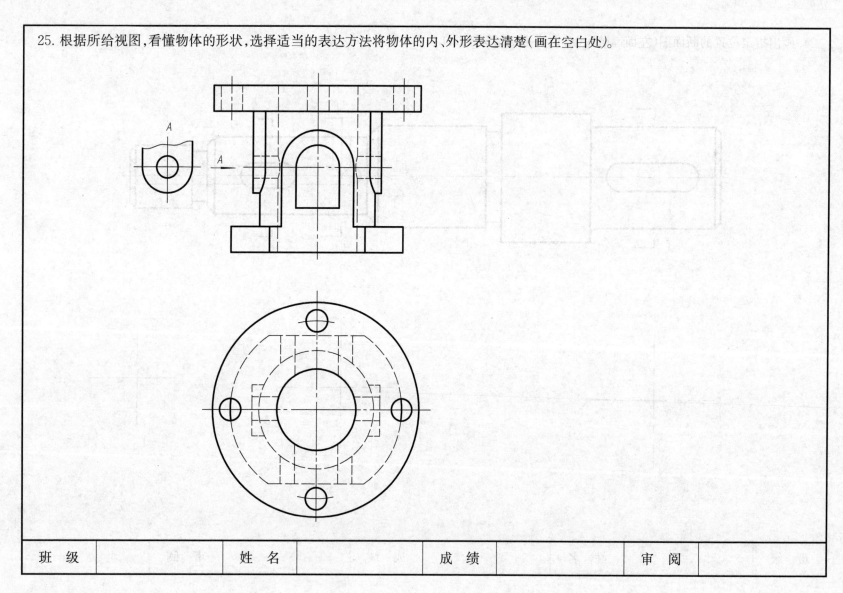

第7章 标准件与常用件

1. 识别下列螺纹标记中各代号的意义,并填表。

螺 纹 标 记	螺纹种类	螺纹大径	导 程	螺距	线 数	中径公差带代号	旋 向
M20LH-6H							
M20×1.5-6g7g							
Tr40×14(P7)-8e							
G3/8							

2. 判断下列螺纹画法的正误,正确的打√,错误的打×。

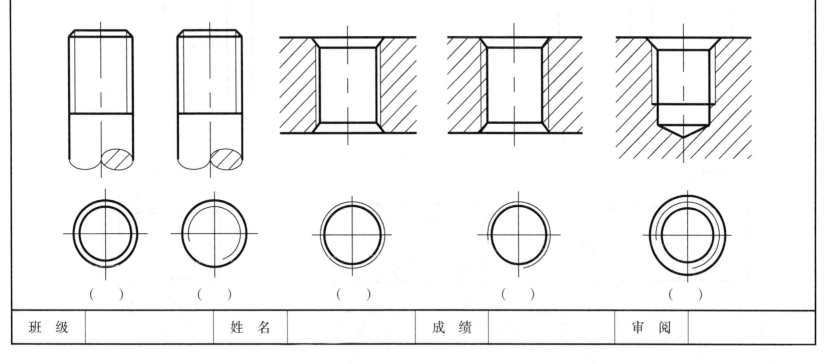

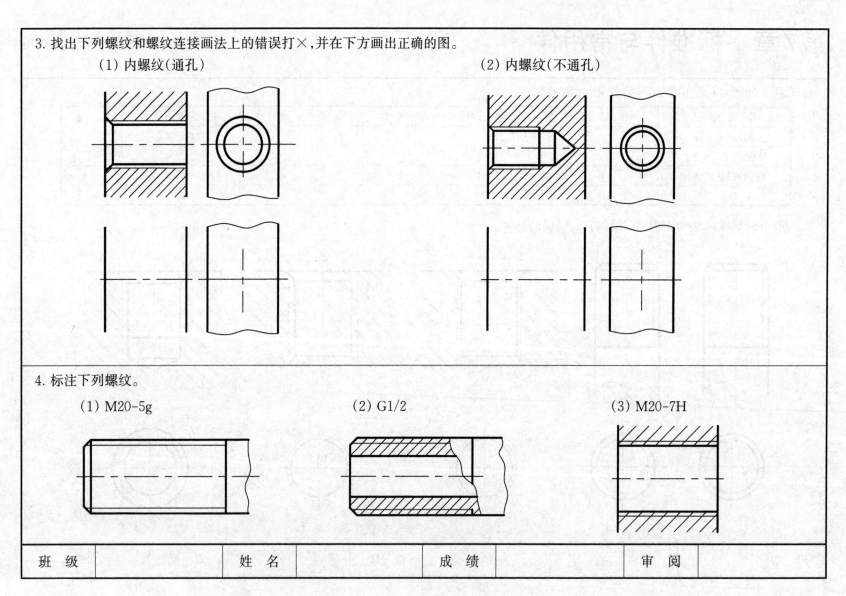

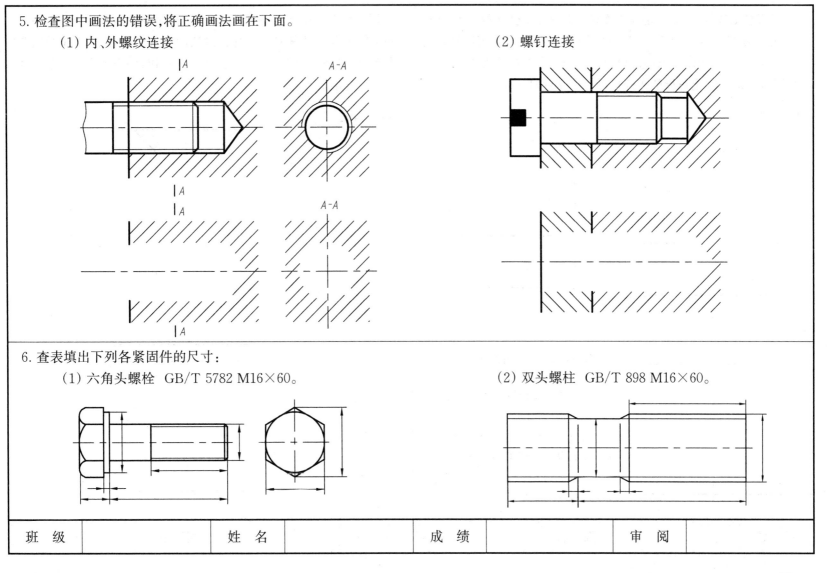

7. 用螺栓 GB/T 5780 M16×l 连接两块钢板,已知板厚 $t_1=t_2=16$ mm,螺母 GB/T 6170 M16,垫圈 GB/T 97.1 16,用比例画法画螺栓连接装配图(画图比例1:1)。主视图取全剖,俯视图和左视图画外形。写出螺栓的正确标记(l 计算后取标准值)。

螺钉的标记:

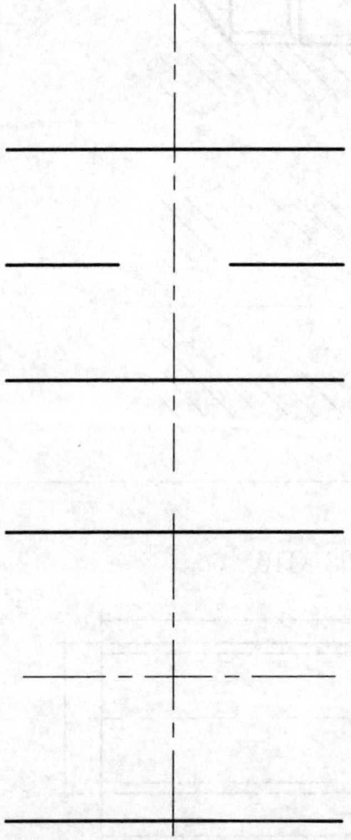

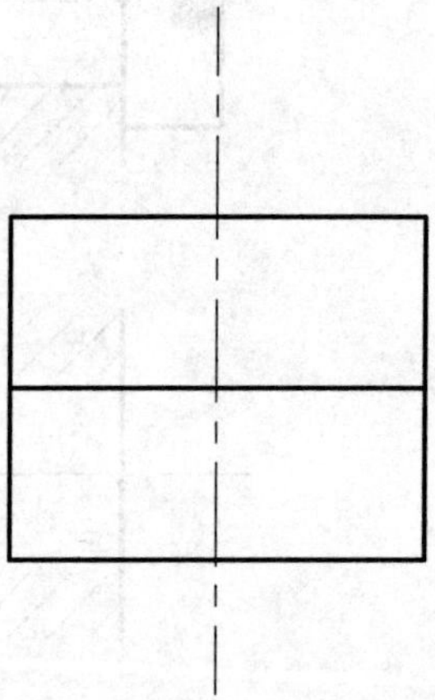

回答问题(在括号内选择答案,正确的打√):
(1) 螺栓在连接装配图中是按(① 外形,② 剖视)画图。
(2) 螺栓六方头在主视图和左视图上的投影形状(① 相同,② 不同)。
(3) 螺栓的正确标记中 l 为:(① 标准值,② 计算长度)。

8. 用开槽沉头螺钉 GB/T 68 M8×l 连接零件1(板厚 $t=12$ mm)和零件2(材料为铸铁),用比例画法画螺钉连接装配图,主视图取全剖,俯视图画外形(画图比例2:1)。写出螺钉的正确标记(l 计算后取标准值)。

螺钉的标记:

零件1

零件2

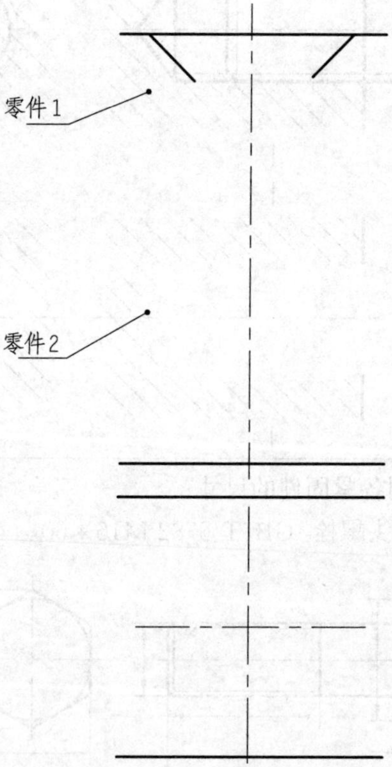

| 班 级 | | 姓 名 | | 成 绩 | | 审 阅 | |

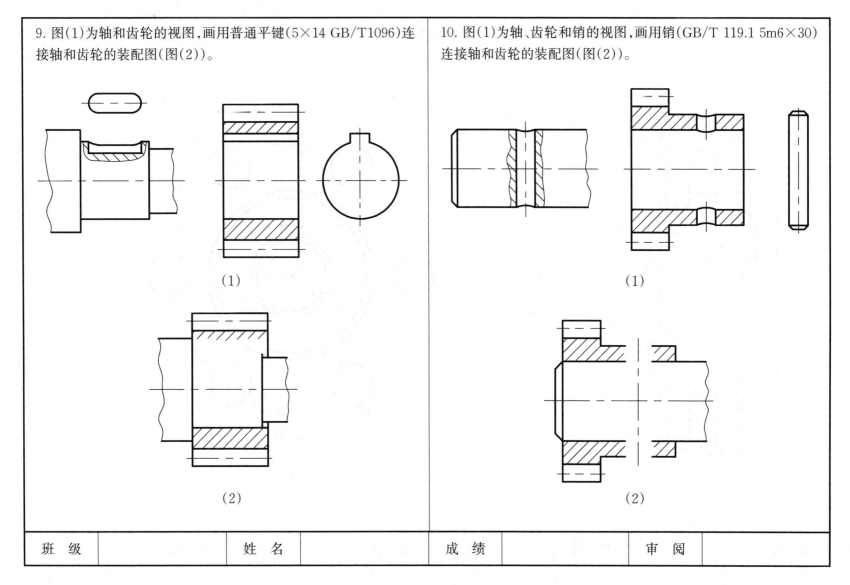

11. 已知直齿圆柱齿轮模数 $m=6$，齿数 $z=20$，试计算该齿轮的分度圆、齿顶圆和齿根圆的直径。完成齿轮的两视图，并标注尺寸（轮齿倒角为 $C1$）。

第8章 零件图

1. 将题右边规定的表面粗糙度符号或代号标注在图中相应的表面上。

2. 将指定的表面粗糙度标注在图上。
(1) A、B 两面为 $Ra6.3\ \mu m$；   (2) C、E 两面为 $Ra3.2\ \mu m$；
(3) D、F 两面 $Ra12.5\ \mu m$；   (4) 其余面为 $Ra25\ \mu m$。

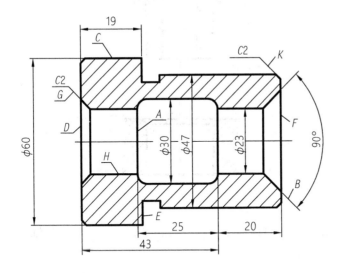

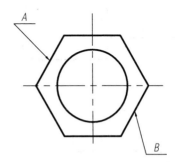

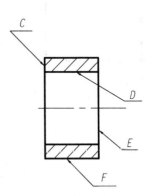

3. 根据给出的孔轴公差带代号,查出极限偏差值,并标注在图中。

4. 标注轴和孔的基本尺寸及上下偏差值,并填空。

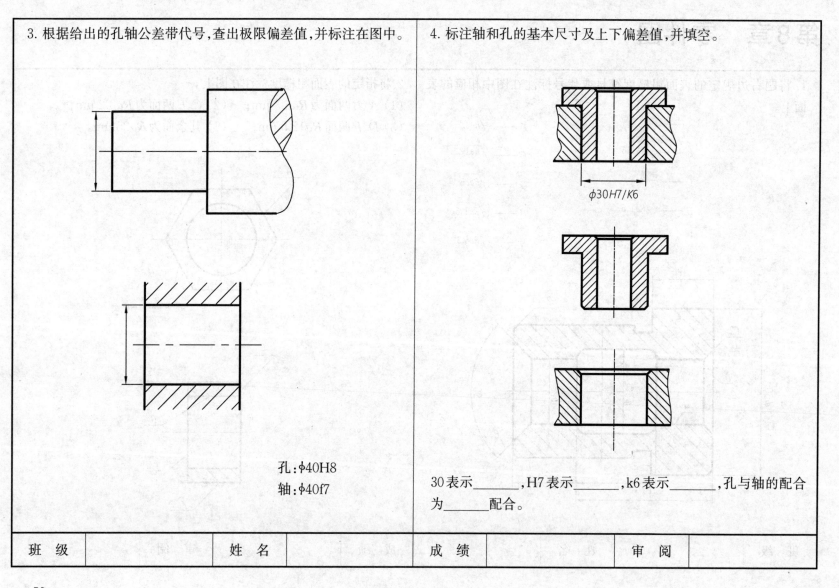

孔:φ40H8
轴:φ40f7

30表示_____,H7表示_____,k6表示_____,孔与轴的配合为_____配合。

| 班 级 | | 姓 名 | | 成 绩 | | 审 阅 | |

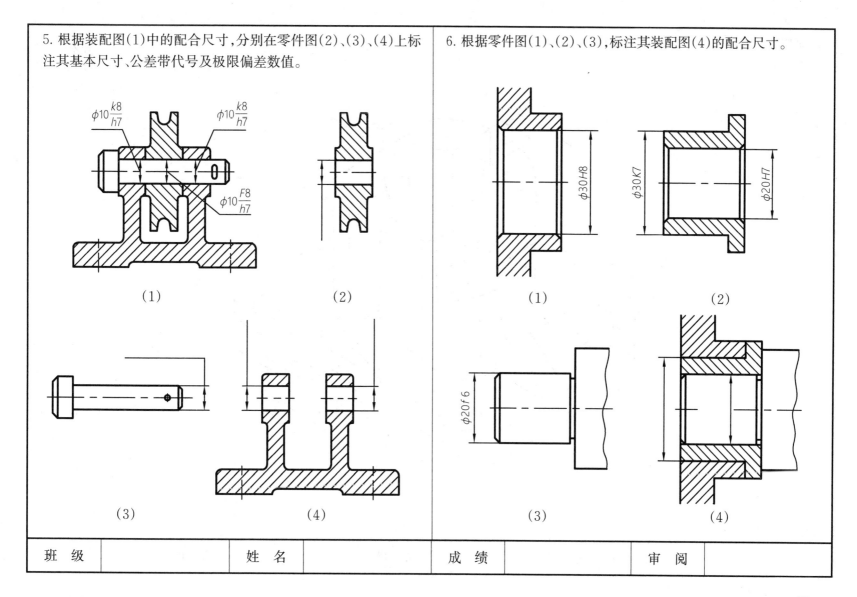

7. 画座盖的零件图(A3图幅,比例1:1)。

材料：HT150

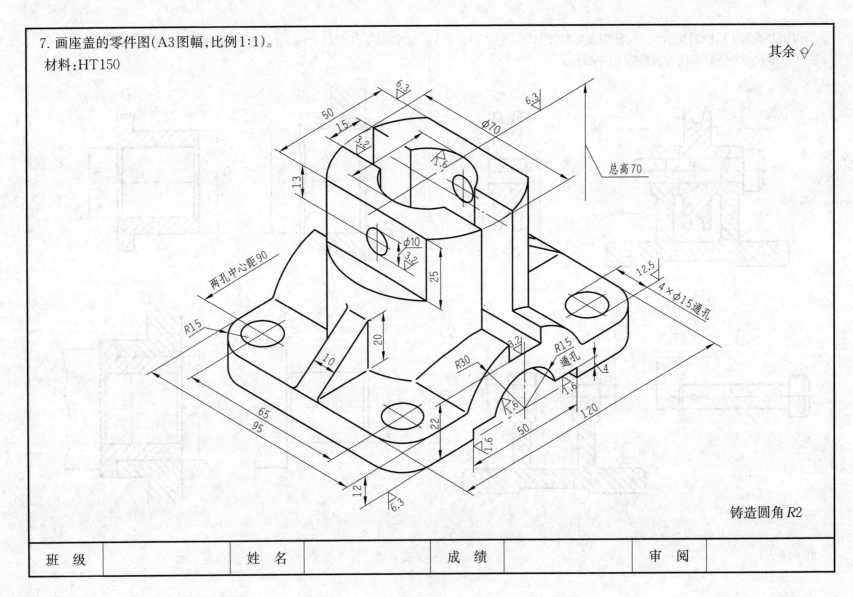

铸造圆角 R2

8. 根据托架的轴测图绘制其零件图(材料:08F钢板)。

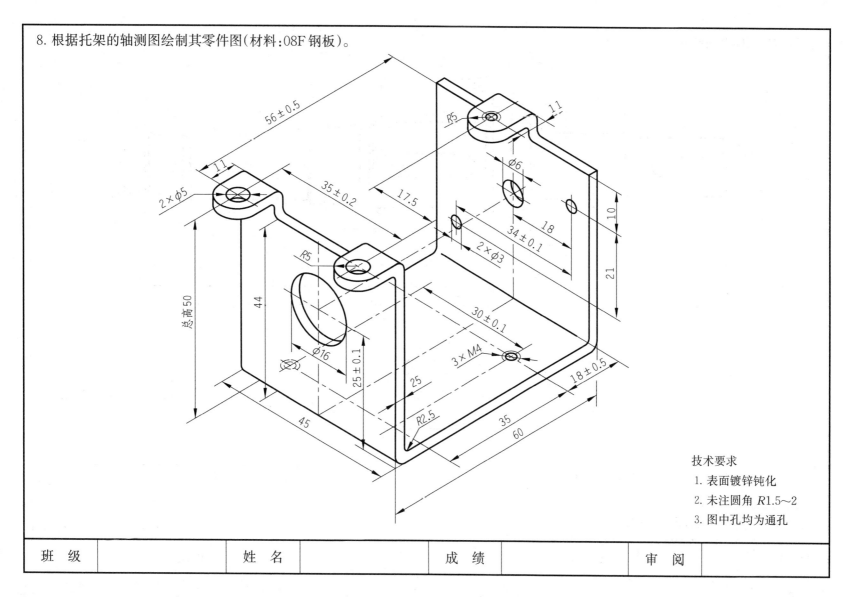

技术要求
1. 表面镀锌钝化
2. 未注圆角 $R1.5\sim2$
3. 图中孔均为通孔

| 班 级 | | 姓 名 | | 成 绩 | | 审 阅 | |

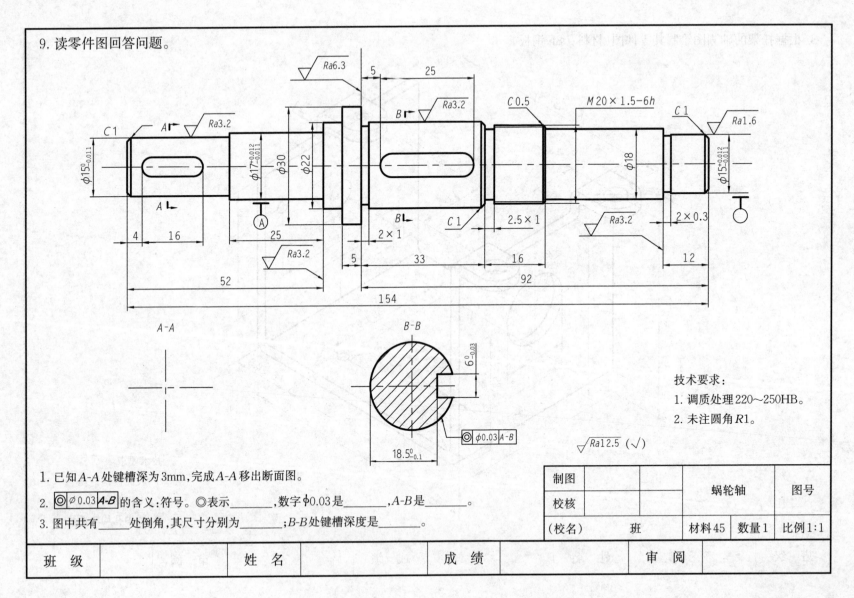

10. 看端盖零件图,作下列各题:

1. 画 A-A 剖视(对称机件剖视图画一半)。
2. 表面Ⅰ的粗糙度代号为_____,表面Ⅱ粗糙度代号为_____,表面Ⅲ粗糙度代号为_____。
3. 尺寸 φ70d11,其基本尺寸为_____,基本偏差代号为_____,标准公差等级为_____。

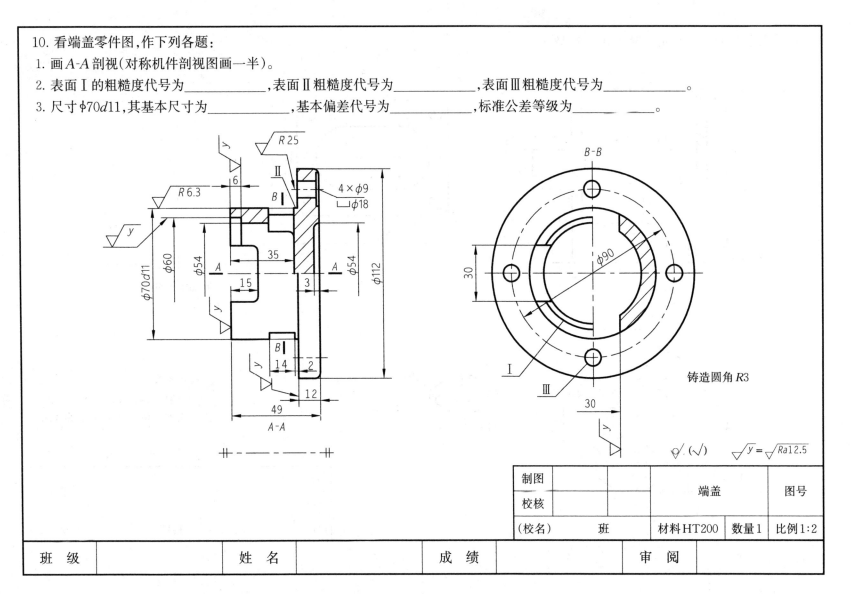

11. 读底座零件图，在指定位置画出左视图外形图。

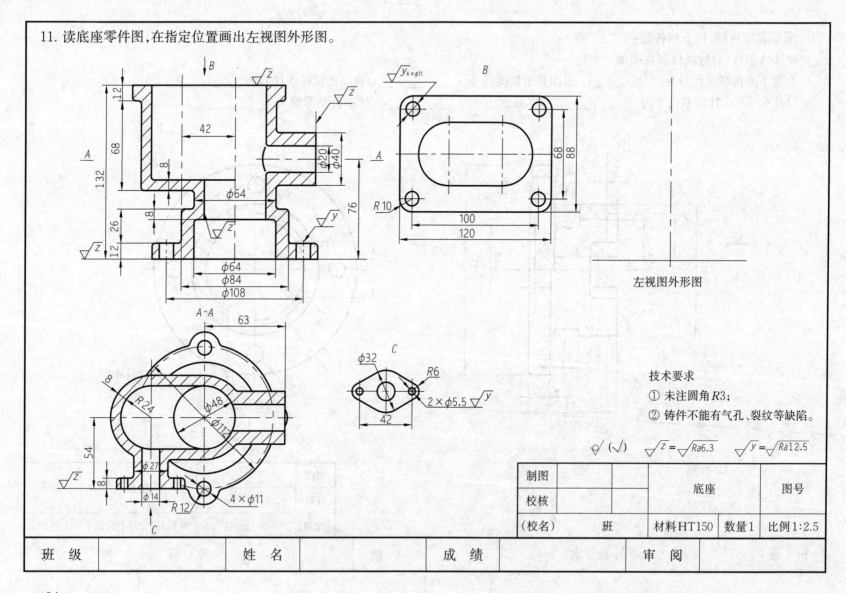

第9章 装配图

1. 根据行程开关示意图和零件图,拼画装配图(采用A3图纸,比例4:1)。

工作原理:

行程开关是气动控制系统中的位置检测元件,它能将机械运动瞬时转变为气动控制信号。在非工作情况下,阀芯1在弹簧力的作用下,使发讯口与气源口之间的通道封闭,而与泻流口接通。在工作时,阀芯在外力作用下,克服弹簧力的阻力下移,打开发讯通道,封闭泻流口,有信号输出。外力消失,阀芯复位。

零件目录

序号	名 称	材 料	数 量	备 注
1	阀芯	45	1	
2	螺母	H62	2	
3	O型密封圈	橡胶	1	
4	阀体	H62	1	
5	O型密封圈	橡胶	1	
6	弹簧	65Mn	1	
7	O型密封圈	橡胶	1	
8	端盖	H62	1	
9	管接头	H62	2	
10	O型密封圈	橡胶	2	

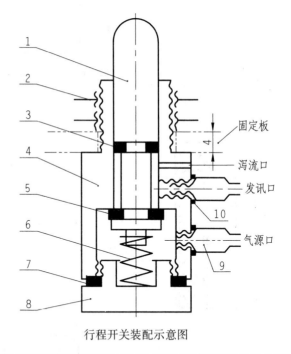

行程开关装配示意图

班 级		姓 名		成 绩		审 阅	

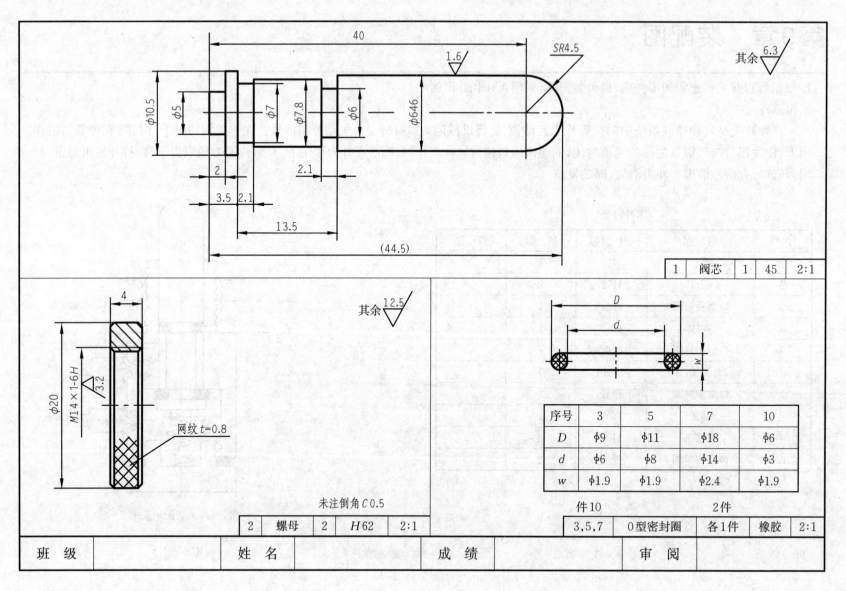

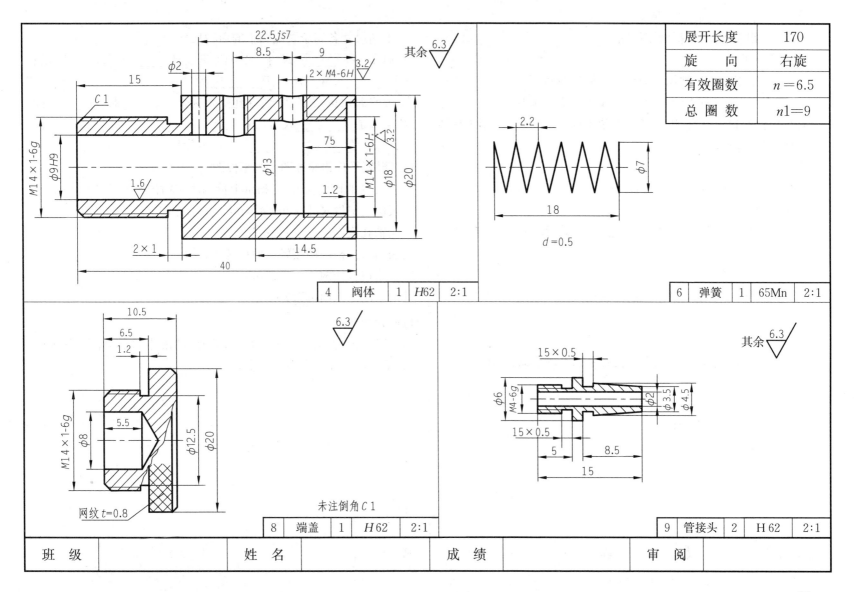

2. 读平口钳装配图,并拆画零件图。

一、工作原理

平口钳用于装卡被加工的零件。使用时将固定钳体8安装在工作台上,旋转丝杠10推动套螺母5及活动钳体4作直线往复运动,从而使钳口板开合,以松开或夹紧工件。紧固螺钉6用来在加工时锁紧套螺母5。

二、读懂平口钳装配图,作下列各题:

(1) 回答问题:

1) 从丝杠右端面看顺时针转动丝杠10,活动钳体4向何方移动?

2) 紧固螺钉6上面的两个小孔有什么用?

3) 活动钳体4在装配图中的左右位置是怎么确定的,为什么?

4) 垫圈3和9的作用是什么?

5) 下列尺寸各属于装配图中的何种尺寸?
0～91属于_____尺寸,ϕ28H8/f8属于_____尺寸,160属于_____尺寸,270属于_____尺寸。

6) 说明ϕ28H8/f8的含义:轴孔配合属于_____制,_____配合,ϕ25是_____尺寸,H8是_____代号,f是_____代号。

(2) 根据平口钳装配图拆画零件图

1) 用1:1的比例在A3方格纸上拆画固定钳体8的零件图。

各表面粗糙度Ra值(μm)可按以下要求标注:

两端轴孔表面(ϕ25、ϕ14)可选1.6

上表面及方槽中的接触表面可选3.2

安装钳口板处两表面可选6.3

其余切削加工面可选25

铸造表面为$\checkmark$

2) 用1:1的比例在A3方格纸上拆画活动钳体4的零件图(只画视图,不标注尺寸及表面粗糙度等)。

| 班 级 | | 姓 名 | | 成 绩 | | 审 阅 | |

2.（续）

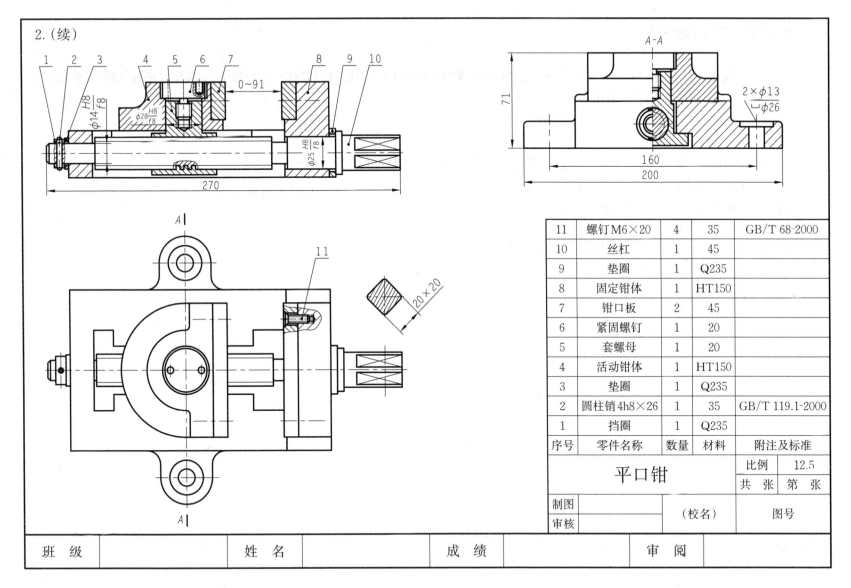

3. 读装配图,回答下列思考题。

工作说明:
　　该机构适用于油品或各种酸类介质的管路上,作闭路装置用。转动手柄带动阀杆和球转动,当球上的通孔对正管孔时,则管路畅通;当球转至堵塞管孔位置时,则管路封闭。

思考题
(1) 该装配体叫什么名称? 由几种零件组成? 零件总数是多少件? 其中标准件是多少件?
(2) 图中采用了哪些表达方法? 其主要作用是什么?
(3) 阀盖与阀体是通过什么实现连接的?
(4) 哪些零件起密封作用?
(5) $\phi 16H7/n8$ 的含义是什么? 分别查出它们的偏差值。

班　级		姓　名		成　绩		审　阅	

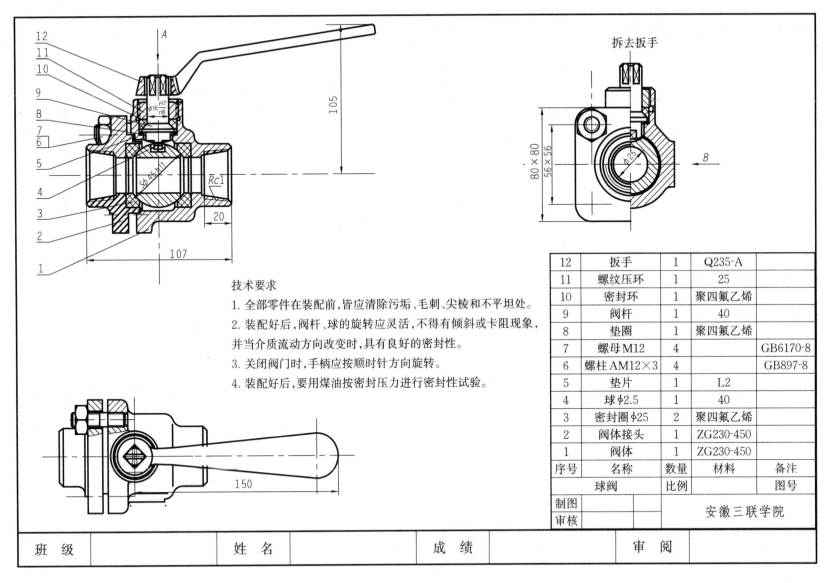

4. 读隔膜阀装配图,并拆画零件图。

一、工作原理

　　隔膜阀是一种调节气流的装置。当阀帽1受外力向下压时,通过隔膜4因弹性压下阀杆7,与阀杆连接的弹簧10被压缩,使阀杆与胶垫8之间产生空隙,由阀底部进入的气体均匀流入阀体11从右上方口排出。阀帽的外力消除后,由于弹簧的弹力使阀杆压紧胶垫8而切断气流。

二、读懂隔膜阀装配图,作下列各题:

(1) 柱塞12和紧定螺钉14起什么作用?

(2) 俯视图中尺寸62属于_____尺寸,72属于_____尺寸。
(3) 说明配合尺寸φ40H7/n6的含意:属于_____制_____配合,φ40是_____,H是_____代号,7是_____。
(4) 拆画阀体11的零件图,可选比例1:1,A3图幅。
(5) 拆画套筒6或阀套9的零件图,自定比例、图幅。

隔膜阀装配图的标题栏及明细栏

14	紧定螺钉M8×16	2	35	GB/T 75-1985
13	螺钉M10×30	2	35	GB/T 65-2000
12	柱塞	1	Q235	
11	阀体	1	HT150	
10	弹簧	1	65Mn	
9	阀套	1	Q235	
8	胶垫	1	橡胶	
7	阀杆	1	45	
6	套筒	1	Q235	
5	衬垫	1	橡胶	
4	隔膜	1	橡胶	
3	阀盖	1	HT150	
2	衬套	1	Q235	
1	阀帽	1	45	
序号	零件名称	数量	材料	附注及标准

隔膜阀

		比例	1:1.5
		共 张	第 张
制图		(校名)	
审核			图号

| 班 级 | | 姓 名 | | 成 绩 | | 审 阅 | |

4.(续)

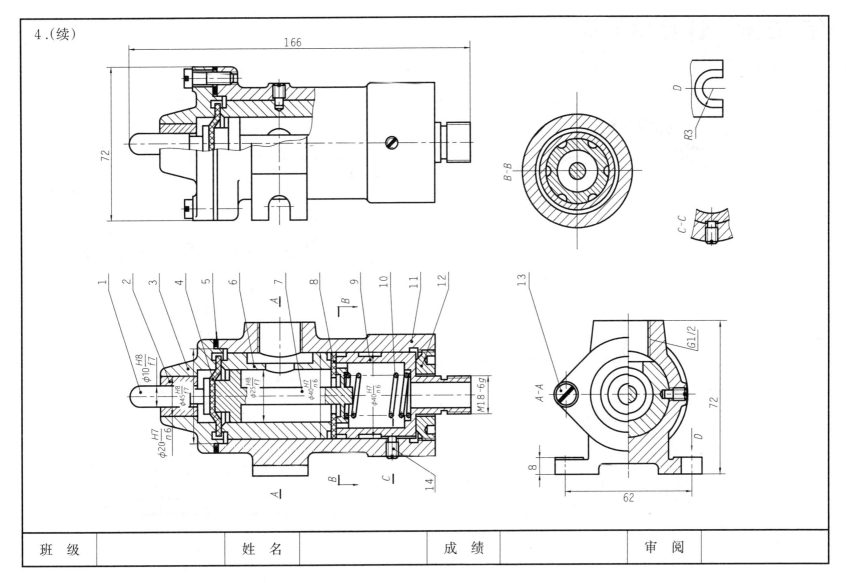

第10章 计算机绘图

1. 抄画图形(尺寸自定)。

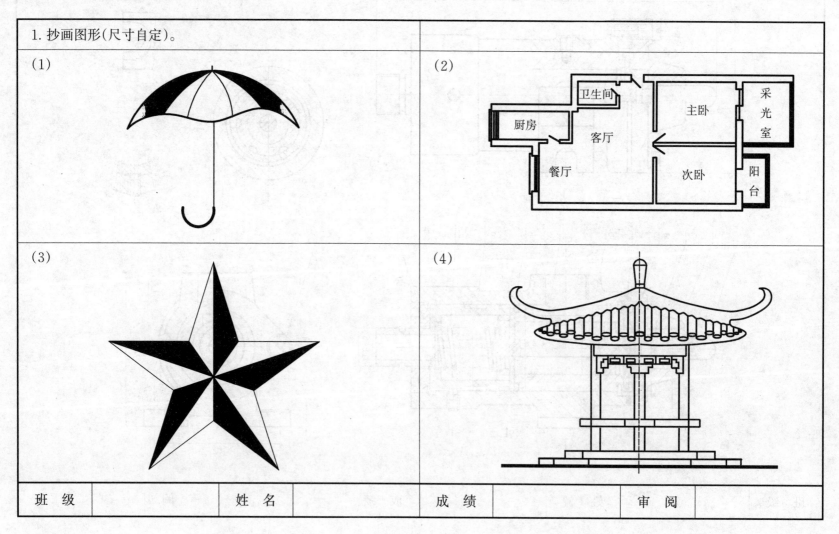

2. 按尺寸要求抄画图形。

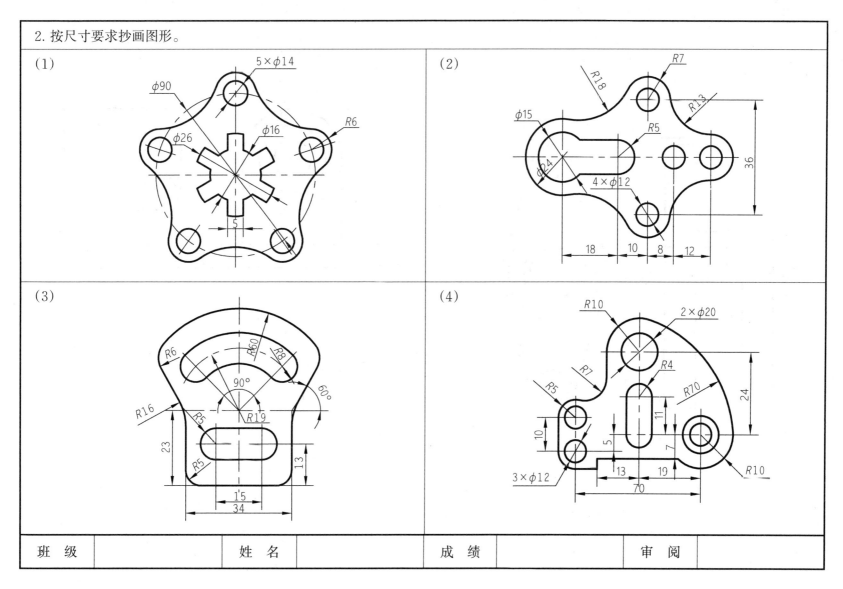

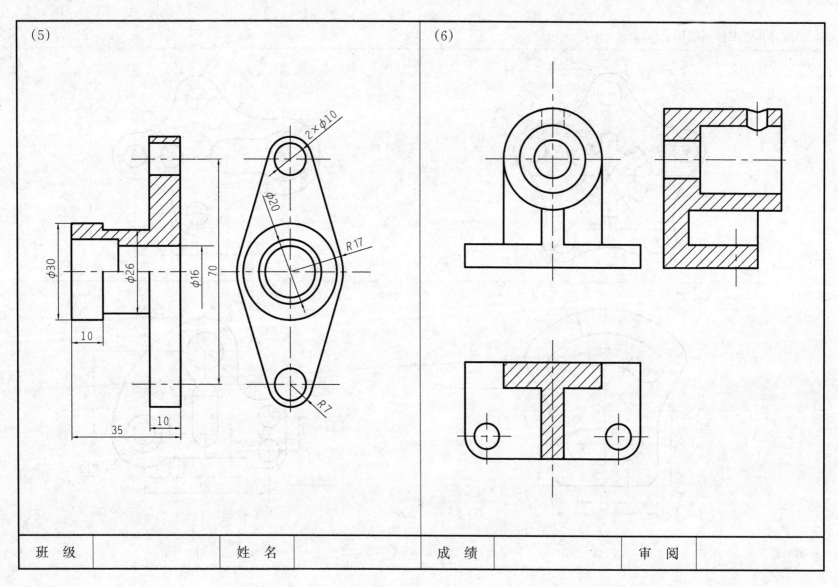

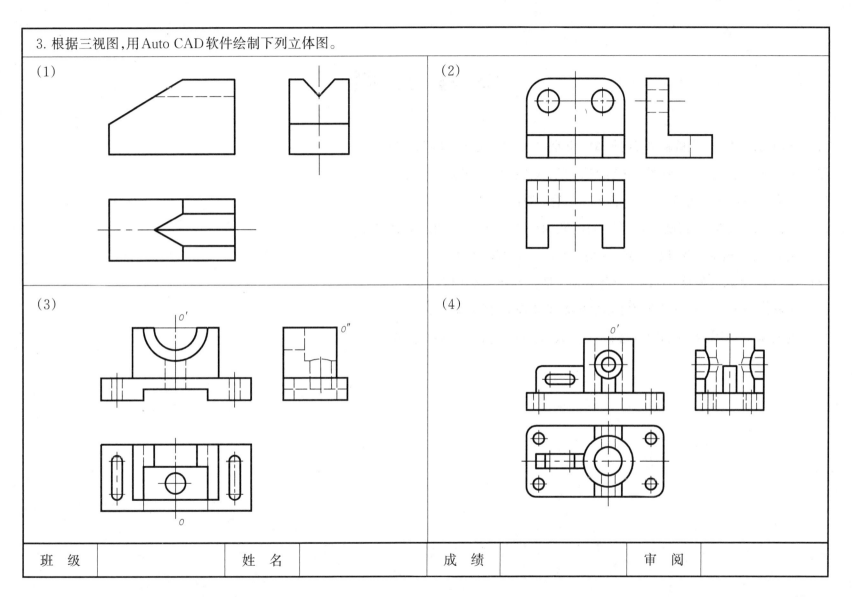

参 考 文 献

[1] 吴明明,满维龙. 机械制图习题集[M]. 北京:北京理工大学出版社,2012.

[2] 郭纪林,余桂英. 机械制图习题集[M]. 5版. 大连:大连理工大学出版社,2019.

[3] 王巍. 机械制图习题集[M]. 北京:高等教育出版社,2003.

[4] 何铭新,钱可强,徐祖茂. 机械制图习题集[M]. 北京:高等教育出版社,2010.

[5] 吴明明. 机械制图及习题集[M]. 上海:同济大学出版社,2015.

[6] 王兰美. 画法几何及工程制图习题集[M]. 北京:机械工业出版社,2013.

[7] 王琳,宋丕伟. 工程制图习题集 M]. 北京:北京理工大学出版社,2018.

[8] 刘朝儒,吴志军. 机械制图习题集[M]. 6版. 北京:高等教育出版社,2014.